[あじあブックス]
052

よみがえる中国の兵法

湯浅邦弘

大修館書店

はじめに

映画「アート・オブ・ウォー」(二〇〇〇年、アメリカ・ヘラルド)は、国連に雇われた敏腕工作員の物語である。

国連の仲介によって中国と米国の貿易協定が締結されようとしているさなか、それを阻止しようとする謎の暗殺者集団が出現。ウィズリー・スナイプス演ずる主人公は、国連上層部の秘密司令を受けて協定成立のために動き出すが、逆に中国大使暗殺の濡れ衣をきせられてしまう。

やがて主人公は、事件の黒幕と自分の立場を知らされることとなる。「アート・オブ・ウォー」が教えている。敵を倒すには内部から攻めよ。おまえは糸の切れた操り人形、「死間《しかん》」なのだ、と。協定の決裂をねらうのは、実は国連首脳そのものだったのである。

映画のタイトル「アート・オブ・ウォー」とは、中国を代表する兵書『孫子《そんし》』のことである。また、その第十三番目の篇を「用間《ようかん》」篇といい、そこには、情報戦の秘訣が説かれている。そのうちの一つに「死間」がある。

死間とは、誑事《きょうじ》を外に為《な》し、吾《わ》が間をして之《これ》を知らしめて敵に待つ者なり。

つまり、「死間」とは、偽りの軍事計画（誑事）をわざと敵にもらし、敵がその謀略にのってくるのを待ち受ける、という高度なスパイである。この間諜《かんちょう》が「死」間と言われるのは、そのスパイが味方を裏切って敵に機密をもらしたと見せかけるという、困難で危険な役回りを演じなければならないからである。

敵も、この手の人物が二重スパイであるかもしれないと疑ってかかり、独自の情報網を使ってその真偽を確認しようとする。死間はあらかじめその事態を想定し、味方の間諜にもこのことを知らせ、敵を信じ込ませるような動きを同時に見せかけるよう手配しておくのである。敵は別ルートから同じ情報を得たことにより、その信憑性を確認する。

こうして敵はまんまと罠にはまっていくのであるが、死間は敵中にいるのであるから、決して安心はできない。もしも途中で謀略が露見すれば、その場で死間は抹殺され、また、かりに謀略が成功しても本国への帰還はきわめてむずかしい。

スナイプス演ずる国連の工作員は、協定締結阻止をたくらむ黒幕が実は国連の首脳自身であり、自分は彼らの「死間」であったことに気づく。もっとも、映画の主人公は、最終局面まで自分が「死間」であったことを知らない。その意味で、映画で言われる「死間」とは、『孫子』の原義とはやや異なり、いわば見殺しにされるスパイ、味方から罠にかけられたスパイ、の意味合いが強い。

　ともあれ、現代のハリウッド映画に、二千年以上前の中国の兵法が深く関わっている。この映画が単なるスパイものに終わらずに上質なドラマとなっているのは、経済戦争、情報戦争という現代の戦いを背景に、善と悪、味方と敵、という単純な構図を取らず、誰が敵で誰が味方か分からないという、混迷する今をみごとに活写しているからであろう。

『孫子』に代表される中国の兵法は、すでにこうした世相を予見するかのように、複雑な情報戦をも交えた勝利の方程式を生み出した。

　本書は、この中国の兵法を、新たな研究成果に基づき、現代的視点から解説しようとするものである。

　第一部「中国兵法の誕生」では、中国兵法への入門とし

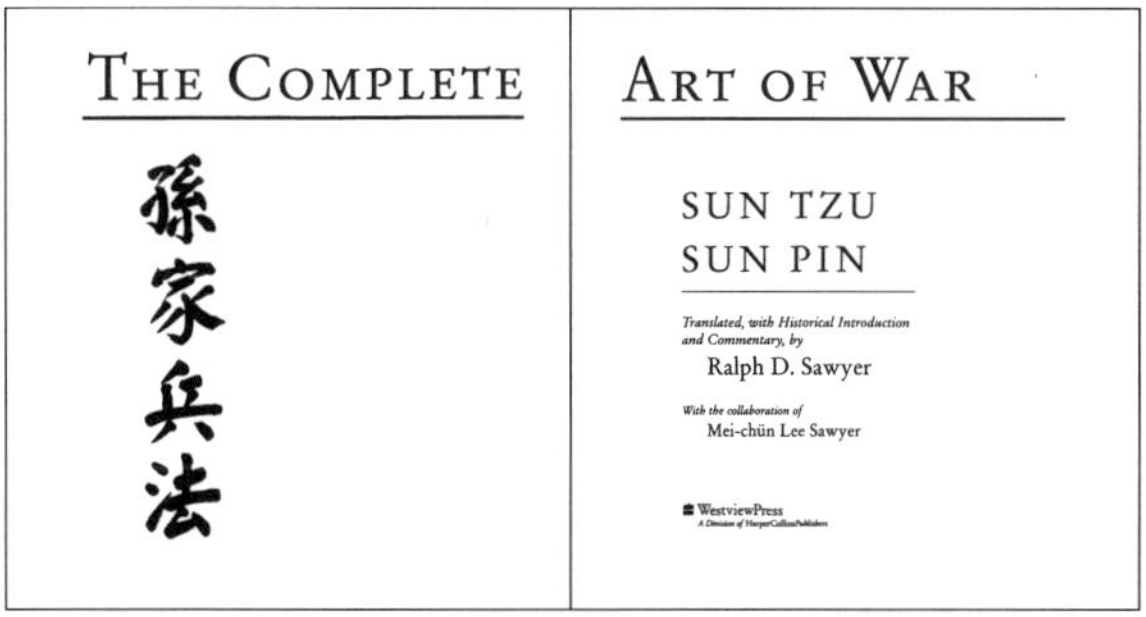

英訳『孫子（*The COMPLETE ART OF WAR*）』本文扉
（Westview press、1966）

て、春秋戦国時代における戦争形態の変化と兵家の登場について概説し、また、銀雀山漢墓竹簡《ぎんじゃくざんかんぼちくかん》などの新資料の発見が古代兵法の実態をよみがえらせたことについて解説する。

第二部「中国の兵書」では、『孫子』に続く中国の代表的な兵書を取り上げて、その特質、時代との関わり、後世への影響などについて解説する。またここでは、『孫臏兵法《そんぴんへいほう》』『尉繚子《うつりょうし》』など、近年の新出土資料の発見によってよみがえった古代兵法の実態を明らかにしたい。

第三部「兵書のことばを読む」では、中国の代表的兵書の中から名言名句を取り上げて、それらを十のテーマのもとに再編し、各々のことばの意味とその現代的意義とについて解説する。

このような本書の構成を、中国兵法の用語を借りて言えば、「正」と「奇」で表すことができよう。「正」とは正攻法、「奇」とは奇策である。時代に沿って代表的な兵書と兵法について論ずる第一部と第二部は「正」に、兵書の枠組みにとらわれず、現代的観点からさまざまな兵法のことばを抽出して解説する第三部は「奇」に、おのおの相当すると言えよう。『孫子』によれば、勝利は「正」と「奇」の巧みな運用と変化によってもたらされるという。本書の「奇」「正」が一定の戦果をあげているかどうか、それは読者の判断に委ねたい。

目次

三　兵書のことばを読む……153

一　中国兵法の誕生

ジェフリ・パーカー『長篠合戦の世界史』（大久保桂子訳、同文舘、一九九五年）は、十六〜十七世紀の西洋は、大量の火器を活用した新たな戦術・戦略の登場により、国家の再編を余儀なくされるという「軍事革命」を迎えたとする。また、日本史の上でこれに相当するのは、織田信長が三千のマスケット銃兵を横列に配置した長篠《ながしの》の合戦であったという。一方中国では、明の時代に火器は導入されたものの、ささやかな存在にとどまっていたと指摘している。

著者のことばを借りれば、中国における「軍事革命」は、すでに紀元前の世に完了していたと言えるであろう。中国の戦争の様相が大きく変化したのは、今から二千年以上前の春秋戦国時代である。火器の登場が「軍事革命」をもたらさなかった原因として、火器を大量生産・配備できなかったというシステム上の不備をあげることは容易である。しかし一方で、このことは、春秋戦国時代に戦争の形態がいかに大きく変化したか、また、その時期を通じて形成された中国の兵学が、以後の中国世界をいかに強く規定していったかを物語っているであろう。

この第一部では、中国最大の「軍事革命」、すなわち春秋戦国時代の戦争について概観し、その衝撃の中に生まれた『孫子』の兵法の特質について論ずることとしたい。また、一九七〇年代以降に発見された新資料が、中国古代兵法の実態をどのように現代によみがえらせたのかについても紹介してみよう。

1 戦争の変化と兵家の登場

中国の軍事革命

孔子が活躍した春秋時代には、周《しゅう》王朝の権威の衰退によって諸国間の戦争が頻発した。またそれにともなって、戦争形態や戦争観にも大きな変動が見られた。それを象徴するできごとをいくつかあげてみよう。

まず、紀元前七〇七年、周の桓王《かんおう》が鄭《てい》の荘公《そうこう》と戦った繻葛《じゅかつ》の戦い。鄭は、「魚麗《ぎょり》の陣」を組み、戦車と独立歩兵との共同作戦を展開した。「麗」とは、連なる意。戦車部隊と歩兵部隊とで一陣を形成し、その一陣ごとが、魚の群れのような隊形を組むというものである。

それまでの中国の典型的な会戦は、見通しのきく平原に両軍布陣を終えた後、主力たる戦車の正面対決によって雌雄を決するというものであった。その総兵力は一万にも満たず、勝敗も短時間に

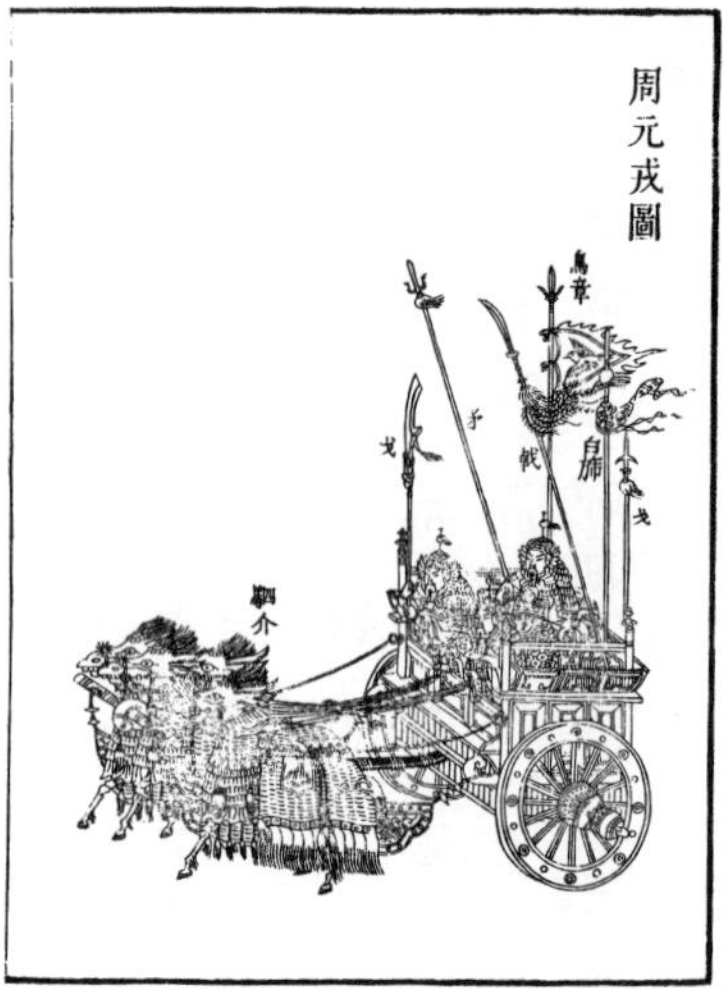

戦車図（『五経図彙』）

決した。多分に儀礼的要素もあった。しかし戦国時代には、こうした戦車戦は衰退し、それまで戦車の附属的役割でしかなかった歩兵や、新たな兵科として登場した騎兵が主力として活躍するようになる。鄭の布陣は、そうした戦争形態の変化を予兆するかのようなできごとだったのである。

もっとも、騎兵そのものは、すでに春秋時代後期にも見られる。しかし、騎兵が車兵に代わる主要兵科として確立したのは、紀元前三〇七年、趙《ちょう》の武霊王《ぶれいおう》が「胡服騎射《こふくきしゃ》」して軍制を改革した後（すなわち戦国時代中期末以降）のことであるとされる。武霊王は、西北の異民族から騎馬を導入し、騎乗に適したスボン型の「胡服」を採用し、騎馬隊を編成したのである。

また、前六三八年、宋《そう》が楚《そ》と戦った泓《おう》の会戦。宋の襄公《じょうこう》は、楚軍が泓水を渡り終え陣形を整えるのを待って攻撃し、逆に楚に惨敗する。この事件は「宋襄《そうじょう》の仁《じん》」として有名である。襄公は、敵の陣立てが完了しないうちに戦《いくさ》をしかけるのは卑怯であるといって戦機を逃し、結局は楚に破れてしまう。ここから、宋襄の仁とは、無用の情けの意味となった。臣下の子魚《しぎょ》という人物が、わが君はまったく戦争を御存知でないと批判したとおり、この時代にあって、そうした美学はもはや時代錯誤となりつつあったのである。

次に、前六三二年、晋《しん》が楚を破った城濮《じょうぼく》の戦いにおいて、晋の文公は七百乗《じょう》の戦車を出動させ（乗は戦車の単位）、楚の軍馬四百頭、戦車百乗、歩兵千人を周の襄王《じょうおう》に献上した。また同年、晋は、戦車を主力とする既存の「三軍」に加え、歩兵の三部隊「三行《さんこう》」を創設し、狄《てき》（北方の異民族）の侵入に備えたという。この城濮の戦いは、周王朝の伝統を尊重した晋が戦車戦によって勝利したわけで、その意味では旧来型の戦争であったと言えるが、他方、独立歩兵部隊の創設という先進性もみのがせない。

戦争と社会の大変動

こうした部隊編成の改革が劇的な勝利を生んだのが、前五四一年、晋が狄を破った大鹵《たいろ》の戦いである。このとき、臣下の魏舒《ぎじょ》は次のように進言したという。

彼は徒、我は車、遇《あ》う所は又《ま》た阨《あい》。什《じゅう》を以て車を共にせば必ず克《か》たん。諸《これ》を阨に困《くるし》めば又た克たん。請う、皆卒《そつ》にせん。我より始めん。

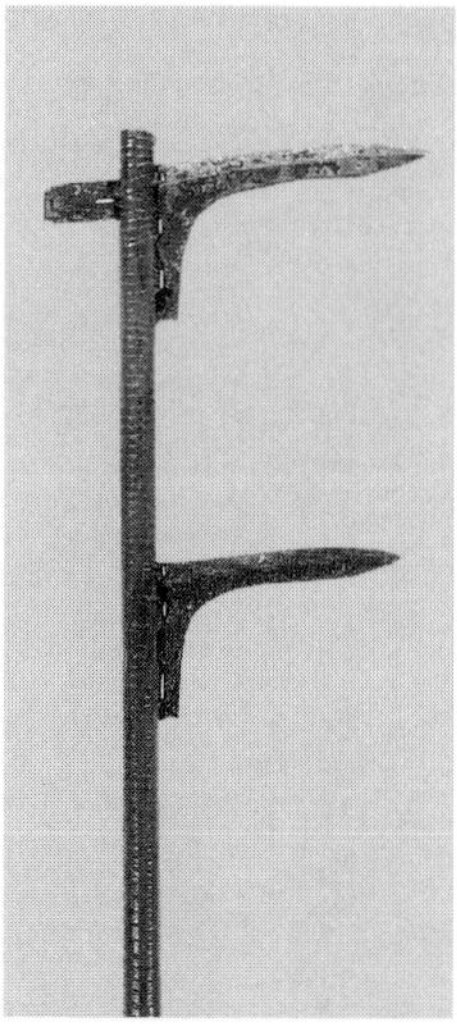

戦国時代の戈（湖北省隋州曾侯乙墓出土。柄は複製。『特別展 曾侯乙墓』日本経済新聞社、1992より）

あちらは歩兵、こちらは車兵。戦場は、戦車の活動しにくい狭隘険阻《きょうあいけんそ》な地である。だから、一輌の兵車ごとに十人の歩兵を配置するという戦車・歩兵の共同作戦が上策であり、さらに欲を言えば全軍をすべて「卒」（歩兵）にするのが最上の策である、と魏舒は主張した。この進言はただちに実行に移された。晋は、戦車を捨てて歩兵部隊を再編。歩兵五隊を中核として配置した後、二隊を前方に、五隊を後方に、一隊を右翼、三隊を左翼に配し、さらに一隊を、敵を誘い出すための先鋒として出動させたのである。

これは、敵方の狄人の嘲笑を買ったという。当時にあってはそれほど奇抜な戦術であった。また、この改編には、晋の内部にも強い抵抗があったという。そうした部隊構成員の変化には、当時の身分秩序を揺るがしかねない危険性が予感されたからである。

車戦の主人公は、「御《ぎょ》」（乗馬）「射」（弓）の技術や教養を有する貴族であり、その主要武器は弓・戈《か》（長い柄の先端に直角の刃をつけた武器。敵を引っかけて殺傷する）・戟《げき》（戈の先端に刺《し》をつけた武器。敵を引っかけたり刺したりする）などであった。しかし歩兵として大量動員されるのは、本来の戦闘員ではない「民」であり、やがて彼らは鉄製の刀剣や殺傷能力の高い弩《ど》（機械じかけのおおゆみ）で武装し、軍の主力となっていった。軍功をあげれば褒賞を得ることができ、爵位の獲得さえ可能となっていく。戦争形態の変化は、大きな社会変動をもたらしたのである。

さらに、頻発する大規模戦争は新たな思考を促した。戦争に勝つためには、国政全般を根本的に見直すべきである、との思考である。戦場における個々の奮闘だけが勝利をもたらすのではない。戦時の際の動員を容易にする行政組織は整備されているか、膨大な兵力を作戦行動に展開できるだけの経済的基盤は充実しているかなど、国家の総合力が問われる時代を迎えたのである。

日本では、信長の「軍事革命」が終息した後、江戸時代という非軍事的社会が三百年続いた。そ

戈を持つ兵士（復元模型。『特別展　曽侯乙墓』より）

して、幕末になって本格的な「革命」が実現した。そこでは、「大歯の戦い」に見られたような軍事ギャップが倒幕軍（官軍）と幕府軍の間に展開された。官軍（特に長州兵）が大量の火器を導入して平民にも持たせ、集団による伏射《ふくしゃ》（地面に腹這いとなる伏せ撃ちの姿勢）によって戦果をあげたのに対して、幕府軍は源平合戦さながらの古装束に身を包み、武士の魂である刀に執着し、伏せ撃ちの姿勢を取ることに拒絶反応を示す者も多かったという。結局は、馬上の美学にこだわった武士階級そのものが滅び、泥まみれになって戦場をかけめぐった者たちが新しい時代を拓いていくこととなったのである。

春秋戦国時代の戦争形態および戦争観の変化は、中国の歴史の中でも最大級の質的変化であった。そして、この中から、『孫子』が生まれ、また軍事の専門家、すなわち「兵家」と呼ばれる人々が登場してきたのである。

2 『孫子』の兵法

中国古代における戦争形態の変化は、春秋時代末期（紀元前五世紀の初め）の呉《ご》の対外戦争において頂点を迎えた。呉王闔廬《こうりょ》・夫差《ふさ》の時代の対楚《そ》戦、対越《えつ》戦は、従来の常識をくつがえすこととなる。この戦争は、大量の歩兵を主力とする軍隊構成、数年に及ぶ長期持久戦、数千里に及ぶ長距離進攻作戦の反復など、それまでの戦争のあり方を一変するものであった。『孫子』に見られる「呉越同舟」の語や、後に故事成語となる「会稽《かいけい》の恥」「臥薪嘗胆《がしんしょうたん》」なども、この一連の戦争のひとこまを示すものである。

そして、この衝撃の中に誕生したのが『孫子』である。春秋時代末期、呉王闔廬（?~紀元前四九六年。「闔閭」と記されることもある）に仕えた孫武《そんぶ》は、呉の対外戦争の教訓をもとに、体系的な軍事思想を樹立した。今も、中国の兵典として読みつがれている孫子の兵法の特徴とは、何なので

「孫子勒姫兵」図（安田靫彦画）

あろうか。

孫武の伝承

『孫子』の著者とされる孫武について、『史記』には次のような伝承が記されている。

孫武はあるとき、呉王闔廬の前で、兵法家としての才能を披露することとなった。孫武は、王宮の美女百八十人を二隊に分け、王の寵愛している姫《きさき》二人を各隊の長に任命して練兵を開始した。まずは繰り返し軍令を説明し、違反した場合の罰則も明示した。そして、太鼓をたたいて軍令を下したが、婦人たちは本気にせず、笑うばかりで従わない。孫武は、「軍令を明らかにしないのは将たるものの罪であるが、軍令を明らかにしたのに兵が動かないのは隊長の罪である」として、隊長役の二人の姫を斬ろうとした。

驚いた闔廬は、「もうそなたが用兵にすぐれていることは分かった。二人を斬らないでほしい」と述べたが、孫武は「わたしはすでに君命を受けて将となっています。将たるものがひとたび出軍すれば、君命もお受けいたしません」と拒絶、ついに隊長二人を斬って見せしめにした。改めて隊長を任命しなおして再度軍令を下したところ、婦人たちは別人のようにきびきびと行動した。

こうして孫武は、厳格な軍令に基づく用兵術を実演し、闔廬は、孫武の実力を評価して呉の将軍に採用した。その後、呉は、孫武の力により、西方では強国楚《そ》を破って楚の都の郢《えい》に攻め入り、北方では斉《せい》・晋を脅かして覇を唱えることとなった。

ここから読みとることのできる「孫子の兵法」の特徴は、集団としての戦いの重視、指揮命令系統の明示、教練の徹底、巧みな用兵術、将軍の指揮権の確立という点であろう。それでは、こうした特徴は、『孫子』にもうかがえるのであろうか。

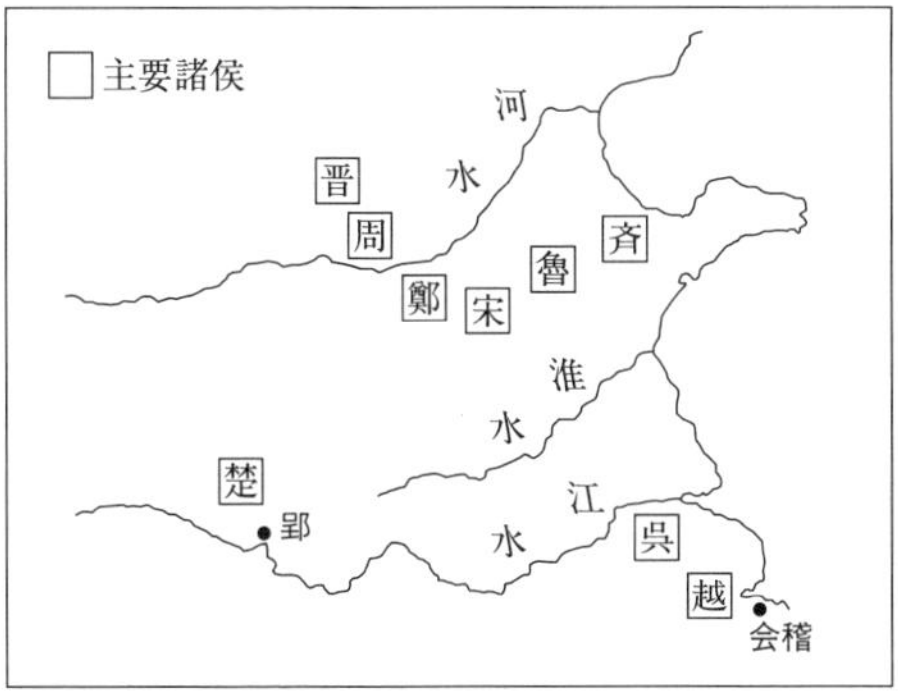

春秋時代地図

『孫子』の戦争観

今に伝わる『孫子』は、全十三篇からなる。計《けい》・作戦・謀《ぼう》攻《こう》・形《けい》・勢《せい》・虚実・軍争・九変・行軍・地形・九地・火攻《かこう》・用間《ようかん》の十三である。このうち、計篇は、戦争に対する基本認識と開戦前の周到な準備について説いており、まさに全体の冒頭にふさわしい一篇である。

また、十三番目の用間篇は、間諜の活用と情報戦について説くもので、情報収集を重視する『孫子』のしめくくりとして理解されてきた。ところが、近年出土した銀雀山漢墓竹簡『孫子』では、十二番目の火攻篇と十三番目の用間篇の順序が逆になっていた。戦争がいかに重大事であるかを述べる火攻篇末尾こそ、計篇と呼応するものであることが分かったのである（この竹簡本『孫子』については、後ほど改めてやや詳しく触れることにしたい）。

ともあれ、ここではまず、この十三篇をもとに、『孫子』兵法の特徴を探ることとしたい。

兵とは国の大事なり。死生《しせい》の地、存亡《そんぼう》の道、察せざるべからざるなり。（計篇）

戦争とは、国家の重大事である。人間の死生、国家の存亡を決するものであり、上に立つものは、これを深く認識する必要がある。

まずこれは、「兵（戦争）」とは何かという基本認識を示したものである。ここでは、戦争が国家の「存亡」や人の「死生」に直結する最重要事であるとされている。とすれば、ここで前提となっている戦争は、一度の会戦で雌雄を決し、講和の締結によって終結するという比較的小規模な戦争ではなかろう。このことばは、敗北がそのまま国家の滅亡を意味するような大規模な戦争を前提としているであろう。

兵とは詭道《きどう》なり。故《ゆえ》に能《のう》にして之《これ》に不能を示し、用にして之に不用を示し、……其《そ》の無備を攻め、其の不意に出《い》づ。（計篇）

次にこれは、戦争の基本的性格を「詭道（偽りの方法）」と規定するものである。戦争の要諦《ようてい》は、詭道である。詭道とは、こちらに充分な戦力や運用能力があるのに、敵にはあたかもそうでないかのように見せかけるものであり、また、敵の準備が整わないうちに攻めかかり、敵の油断をつくような戦術を言う。こうした戦争認識は、佯北《ようほく》（負けたふりをして退却し、敵を誘い出すこと）、伏兵、餌兵《じへい》（敵を誘い出すために犠牲を覚悟で敵前に展開する兵）、挟撃《きょうげき》、陽動《ようどう》（敵の注意を他にそらすための挑発的な行動）など多彩な戦術と密接な関係にある。また国家間の連合や駆け引きなどが通常化した世相を背景としているであろう。

とはいえ、『孫子』は戦争をだまし合いのゲームとして楽しんでいるわけではない。『孫子』が「詭道」を重視するのは次のような理由による。

用兵の法は、国を全《まっと》うするを上《じょう》と為《な》し、国を破るは之に次ぐ。軍を全うするを上と為し、軍を破るは之に次ぐ。……是《こ》の故に百戦百勝は善の善なる者に非ざるなり。戦わずして人の兵を屈するは、善の善なる者なり。故に上兵《じょうへい》は謀《ぼう》を伐《う》ち、其の次は交を伐ち、其の次は兵を伐ち、其の下は城を攻む。（謀攻篇）

用兵の目的は「国」と「軍」を「全うする」ことにある。将軍の面子《メンツ》や美学のために、国や軍を滅ぼしてはならない。だから、直接的な軍事力の行使はできるだけ避け、政略・戦略の段階で「戦わずして」真の勝利を得よというのである。逆に、多くの兵力を投入し、長期消耗戦となるような戦い、特に城攻めは「下」策とされている。「百戦百勝」が最善ではないとされるのも、連戦が勝敗のいかんにかかわらず国力の消耗を招くからである。

このように、「詭道」とは、「国」と「軍」を「全うする」ための秘策だったのである。

「用衆」の思想

また、こうした認識を基盤として、『孫子』には次のような特徴的な思索が形成されることとなった。それは、戦争の大規模化と部隊編成の変化にともなって浮上してきた「用衆《ようしゅう》」の問題である。

春秋時代の戦争では、貴族戦士が軍隊を構成した。将軍も、常任の官職ではなく、そのつど、卿《けい》位《い》（大臣クラス）にあるものが君主から任命されることが多かった。しかし、春秋末から戦国時代の戦争では、大量の民を徴用し、軍事教練をほどこした上で、作戦行動に動員した。ここに、戦争のプロではない「民（衆）」をいかに「用」いるかという問題が浮上したのである。

衆《しゅう》を治むること寡《か》を治むるが如《ごと》きは、分数《ぶんすう》是《こ》れなり。衆を闘わすこと寡を闘わすが如きは、形《けい》名《めい》是れなり。（勢篇）

将能《のう》にして君御《ぎょ》せざる者は勝つ。（謀攻篇）

君命《くんめい》も受けざる所有り。（九変篇）

「分数」や「形名」とは、具体的には、部隊編成のことである。適切な部隊編成と明確な指揮命令系統。これらが確立して初めて「衆」を自在に運用できる。また、将軍と君主との関係については、軍隊の指揮系統の頂点に位置する将軍が有能で、君主がそれに介入しなければ「勝つ」と述べる。将軍は、全権を委任されて、いったん軍を発動した後は、君主の命令も拒絶すると言うのである。

これらは、『史記』に記された孫武の伝承を髣髴《ほうふつ》とさせる。孫武は、宮中の婦人たちを軍隊に見立てて、その用兵術を披露した。その特色は、戦闘のプロではない「衆」に対する教練の徹底であり、部隊編成と指揮系統の明確化であり、君主の命令もはねつける将軍の権威の確立であった。同様に、兵士（卒）の動員やその操縦に関する思索は、次のように、特に精彩を放っている。

卒未《そついま》だ親附《しんぷ》せざるに而《しか》も之を罰すれば則《すなわ》ち服さず。服さざれば則ち用い難《がた》きなり。卒已《すで》に親附して而も罰行わざれば、則ち用いるべからざるなり。故に之を合《がっ》するに文を以てし、之を斉《ととの》うるに武を以てす。（行軍篇）

卒を視《み》ること嬰児《えいじ》の如《ごと》し。故に之と深谿《しんけい》に赴《おもむ》くべし。卒を視ること愛子《あいし》の如し。故に之と倶《とも》に死すべし。（地形篇）

兵を動員する前提として、「親附」（指揮官と士卒との信頼関係）が大切である。それを可能にするのは、「文」「武」（いわゆる飴《あめ》と鞭《むち》）の使い分けである。こうした基盤が確立されていなければ、たとえ将軍が強権を発動し、「罰」によって威嚇《いかく》しても、士卒は思いのままに動かない。また、兵を激戦地に赴かせ、死への恐怖をふりはらって奮戦させるためには、平素から将軍が士卒を愛しい我が子のように扱っていなければならない。
さらに、こうして動員した士卒を、実際の戦場に投入する際の要諦についても、『孫子』は次のように説く。

之を往《ゆ》く所無きに投ずれば、死して且《か》つ北《に》げず。死焉《いずく》んぞ得《え》ざらん。士人力を尽くさん。（九地篇）

将軍の事、静以て幽、正以て治《ち》、能《よ》く士卒の耳目《じもく》を愚《ぐ》にし、之をして知る無からしめ、其の事を易《か》え、其の謀《ぼう》を革《あらた》め、人をして識《し》る無からしむ。其の居《きょ》を易え、其の途《みち》を迂《う》にし、人をして慮《おもんぱか》るを得ざらしむ。（同前）

兵をあえて敵中深く侵攻させ、勝利のみが帰還を約束するという「往く所無き」状況に追い込めば、彼らは死力をつくして奮戦する。兵が指揮系統を無視して軽挙妄動《けいきょもうどう》せぬよう、必要最小限の情報のみを伝え、将軍の真意を察知されぬよう、適宜、表面上の指示を変更（「易」「革」）せよ。『孫子』はこのようにして、兵に必死の奮闘を促す状況を意図的に作り出せと主張するのである。

集団としての力

加えて、『孫子』は、「気」や「勢《せい》」の重要性を説く。たとえば、五人で戦う場合、その戦闘力が一人で戦う場合の単に五倍になるのでは、集団として戦う意味は半減する。『孫子』は、士卒の集合体である軍全体の士気、さらにその統率者である将軍の心意気にも留意する。「気」は、人に不思議な力を与え、勝敗の行方を決してしまうことすらある。『孫子』が短期決戦を重視するのは、この「気」の集中を最大限に活かそうとするからである。

また、個々の士卒の力量を越えた巨大な力を生み出すものとして「勢」も重要である。『孫子』が喩《たと》えに使うのは、高い崖《がけ》を転がり落ちる石である。

円石《えんせき》を千仞《せんじん》の山に転ずるが如《ごと》き者は勢なり。　（勢篇）

同じ岩でも、水平の平面上にある四角い岩は動かない。鋭く傾斜した地面に置けば転がり始める。同じ大きさでも、高い崖の上から転がり落ちる円形の岩には、圧倒的な力が備わっている。それが「勢」である。軍隊も、敵陣を下に臨むような高地に布陣すれば、それだけで位置エネルギーを獲得し、射撃にも、投石にも、兵士の突撃にも有利である。

これも「気」とともに、武器・補給・兵員数といった物質的要因とは異なる次元で、驚異的な力を生み出すものとされている。「気」が戦闘員個々の精神を鼓舞することによって全体の兵力を高揚させるものであるとすれば、「勢」は、軍隊という組織を、そうせざるを得ない状況下に置くことによって、戦闘員個々の力量を単に合算した以上の兵力を生み出すものであると言えよう。

また、このことは、『孫子』が、個人的な武勇や奮闘ではなく、「気」や「勢」をも含む集合体の力を重視していたことを示している。『孫子』が前提とする戦争は、個人の武勇伝によって語られる戦闘ではない。組織の総合力が問われる戦争なのである。

呪術的兵法と『孫子』の合理主義

そして、これらの思想の基盤として、きわめて合理的な思考が存在したこともみのがせない。春秋時代において、開戦の是非や勝敗を、亀卜《きぼく》（亀の甲を焼き、そこにできるひび割れによって吉凶を判断すること）、あるいは雲気（戦場にたなびく雲や気のようす）・夢などによって占うことは、むしろ当然のことと考えられていた。たとえば、『春秋左氏伝』には次のような記事が見えている。

魯《ろ》の桓公《かんこう》十一年（前七〇一年）、楚は隕《うん》人と戦おうとしていた。慣例によって亀卜の占いをたてようとした莫敖《ばくごう》に対し、闘廉《とうれん》は、重要なのは軍の「和」であるとして占いを否定した。また、哀公《あいこう》二年（前四九三年）には、晋の趙簡子《ちょうかんし》が出軍に際して吉凶を卜すると、不吉にも亀甲が焦げてしまったが、趙簡子は、楽丁《がくてい》の進言に従って出軍し大勝したという。楽丁は、占いよりも重要なのは

「謀」であると進言したのである。

こうした闘廉や楽丁の言は、勝敗を決定する主要因が呪術や迷信にではなく、「和」「謀」といった人為的努力にあることを主張するものである。しかし、春秋時代において、戦争をすべて人為の枠内で考えようとするのは、むしろ特異な立場であり、この二つの事例でも、開戦前の占いはむしろ当然のこととして記載されている。また、敵陣に立ちのぼる雲気を観望したり夢を占ったりすることなども、『春秋左氏伝』においては軍事と密接な関係を持つものとして登場する。

後に『漢書《かんじょ》』芸文志《げいもんし》は、そうした呪術的兵法を説く兵書を「兵陰陽《へいいんよう》」家として総括し、『太一《たいいつ》兵法』『天一《てんいつ》兵法』『神農《しんのう》兵法』『黄帝《こうてい》』『別成子望軍気《べっせいしぼうぐんき》』など十六家の書名を列挙した。その芸文志の説明によれば、「兵陰陽」とは、興軍の際にその日時を尊重し、天体の方角に留意し、五行相勝《ごぎょうそうしょう》の原理に依拠し、鬼神の助力を得るという、きわめて呪術性の高い兵法であった。

さらに、一九七三年に湖南省長沙《ちょうさ》の馬王堆漢墓《まおうたいかんぼ》から出土した帛書《はくしょ》（絹に書かれた文書）『五星占《ごせいせん》』『天文《てんもん》気象《きしょう》雑占《ざっせん》』や敦煌発見の『占雲気書《せんうんきしょ》』などは、天体の運行や雲気の状況から軍事の吉凶を占うもので、右の兵陰陽家の実態を出土文献の上からも証明することとなった。これまで、こうした天文・気象などに基づく占術は、『晋書《しんじょ》』『隋書《ずいしょ》』の天文志《てんもんし》のほか、唐の李淳風《りじゅんぷう》（六〇二～六七〇）の『乙巳占《いっしせん》』、瞿曇悉達《ぐどんしった》の『大唐開元占経《かいげんせんきょう》』、杜佑《とゆう》（七三五～八一二）の『通典《つてん》』などに記録されてはいたが、それがどのような意義を持つのかについては、よく分からなかった。しかし、これらの出土資料は、そうした占術を記した兵法書が、単なる過去の記録として伝承されていたのではなく、実戦の際に携行され活用されていた可能性を示しているのである。

『孫子』には、そのような神秘的要素は皆無である。呪術的要素は軍隊の統制を乱すものとして厳しく排除されている。『孫子』は、呪術や偶然に左右されない勝利の法則を、もっぱら「人事」の中に追究したのである。

『天文気象雑占』（『馬王堆漢墓文物』湖南出版社、1992より）

なお、『孫子』には、「神《しん》」という語が「神なるかな神なるかな無声に至る」（虚実篇）とか、「能《よ》く敵に因《よ》りて変化して勝ちを取る者、之を神と謂《い》う」（同）のように見えており、一見、軍事における神秘的要素を肯定しているかのようでもある。しかしこれは、自軍の実態を隠したまま敵の死命を制するという「無形」「無声」の軍隊や、柔軟な思考と的確な判断力によって自在に変化できる軍隊を賞賛するための表現である。ここで「神」という表現が使われるのは、こうした神がかりとも言うべき軍隊の行動が、敵側にとってはとても人智の枠内のこととは思えず、その敗北を、天命とか、偶然とか、神秘などで納得せざるを得ないからである。

廟算と情報

それでは、具体的に、『孫子』の重視した勝利の方程式とは、どのようなものであったろうか。それはまず、開戦前の徹底した情報収集と分析にあった。『孫子』の時代、戦争前の御前会議は、王の祖先の御霊を祀る廟堂《びょうどう》で行われた。廟堂において、彼我《ひが》の戦力分析を行い、勝利の目算と作戦計画とを立てる。ゆえにこれを「廟算《びょうさん》」という。

之を経《はか》るに五事を以《もっ》てし、之を校《くら》ぶるに計を以てして、其の情を索《もと》む。（計篇）

廟算の要点を『孫子』は五つあげている。これを「五事」といい、「道」「天」「地」「将」「法」からなる。「道」とは、民の気持ちを為政者に同化させることのできるような政治の正しいあり方。「天」とは寒暑・風雨などの自然条件、「地」とは遠近・広狭などの戦場の地理、「将」とは軍を統括する将軍の能力、「法」とは軍を運営する各種の規則である。

これら五つのことがらは、ごく常識的なものばかりである。しかし、それを真に理解し、深く認識しているものだけが勝利を得るのだと『孫子』は説く。

また、この「五事」を検討し、彼我の実情を把握するための具体的な指標として「計」がある。七つあるところから「七計」と呼ばれる。敵と味方で君主はどちらがすぐれているか、どちらの将軍が有能であるか、天地の自然条件はどちらに有利か、法令はどちらがきちんと行われているか、軍隊はどちらが強いか、士卒はどちらがよく熟練しているか、賞罰はどちらがより明確にされているか。これら七項目を一つ一つ比較し、獲得ポイントの多い方が勝ちとなる。『孫子』は、この「五事七計」の図上演習によって、戦闘行動を起こす前にすでに勝負を推測することができるという。廟算の結果、わが方に有「利」であれば開戦に踏み切り、「利」なしと判断されれば自重する。『孫子』はきわめて冷静に戦争をとらえようとする。

ただ、こうした廟算を的確に行うためには、情報の収集・分析が必須となる。廟堂の奥深くで敵の状況を手に取るように把握するには、間諜（スパイ）の活動が不可欠である。『孫子』は「用間」篇でこの間諜の必要性と役割を説いた。このうちの「死間」が映画「アート・オブ・ウォー」の主題であったことについてはすでに述べたとおりである。

もっとも、戦争はさまざまな未確定要素の連続である。状況の変化によっては、当初の作戦計画を大幅に変更することも必要となる。入念な立案と柔軟な変化、この二つがかみ合って、ようやく勝利はもたらされるのである。計画はよかったが、それに固執するあまり、いっさいの変更を認めないのでは、勝利はおぼつかない。しかし、当初の計画が杜撰《ずさん》であったり、そもそも出たとこ勝負であったり、前提となる情報が決定的に不足しているのでは、何をかいわんやである。

こうした『孫子』の考え方は、軍事衛星を使って敵情を探知しようとする現代の戦争を先取りするかのようである。敵前への上陸作戦には多大の損害が予想される。まずは入念な計画を立て、巧みな計謀と用兵術によって勝利を収めようとする孫子の兵法は、現代の情報戦にもそのまま通用すると言えよう。

ただし、この『孫子』の内容については、そもそも孫武の思想と考えてよいのか、『孫子』は後世に孫武の名をかたった者が偽作した書ではないのか、という疑いがながく持たれてきた。それは、春秋時代の孫武《そんぶ》、戦国時代の孫臏《そんぴん》という二人の著名な兵法家が知られていながら、伝えられてきた兵法書が一つの『孫子』だったという謎にも起因している。

次節では、これまで中国兵書に持たれてきた疑問と、その疑問を解くこととなった出土資料の発見について紹介しよう。

3 よみがえる古代兵法

中国は「文」の国か

盛岡出身の政治家新渡戸稲造《にとべいなぞう》（一八六二～一九三三）の『Bushido : the Soul of Japan』（『武士道日本の魂』）は、明治三十二年（一八九九）、米国フィラデルフィアで英文出版され、翌年、日本でも刊行された。『武士道』は、副題に「日本の魂」とあるとおり、「義」「勇」「仁」「礼」「誠」などの徳目として表される武士の道が、単に武士階級の道徳にとどまることなく、日本人の精神形成に大きな役割を果たしてきたことを説く。「太平洋の架け橋たらん」ことを願った新渡戸は、すでに実態としては存在しない旧武士の姿から、その精神性を抽出し、それを美しき日本の心として世界に称揚したのである。

これに対して、清末民初の思想家梁啓超《りょうけいちょう》（一八七三～一九二九）は「中国之《の》武士道」を著した。

梁啓超

当時、日清・日露戦争に勝利して意気あがる日本に対して、中国は西洋列強の武力の前に、さしもの中華意識も動揺をきたし始めていた。そのころ、戊戌《ぼじゅつ》の政変を逃れて日本に亡命していた梁啓超は、母国中国が「文弱《ぶんじゃく》」の国と見られていたことに憤り、強烈な愛国主義からこの論文を執筆したという。

その内容は、次のようなものであった。中国は決して「文弱」「不武」の国ではなく、中国開祖の聖王黄帝《こうてい》の時代から、「武徳」を子孫に伝えてきた。特に、春秋戦国時代には、「武勇」が天下にとどろいた。その「尚武《しょうぶ》」の精神が衰退したのは、秦漢帝国以来の統一国家が、中央集権的な「幹を強くし枝を弱める」政策を採り続けたためである。

このように梁啓超は、日本人が自ら誇りとする「武士道」の精神が日本民族特有のものではなく、実は古代中国にも存在し、それは中華民族の第一の天性であったとさえ説くのである。

失われた兵書

それでは、梁啓超の言うように、中国はむしろ「武」の国であり、その民族は「尚武」の精神にあふれていたのであろうか。また、具体的にはどのような「武士道」が形成されていたのであろうか。

こうした問いかけに対して、実は、これまで真正面からの回答は寄せられてこなかった。それは、「文」の国、「文」治国家、「文」明国というイメージがあまりにも強いことにも起因していよう。中国と言えば、まずは孔子や孟子の教え、王羲之《おうぎし》や顔真卿《がんしんけい》の書、李白や杜甫の詩、といった「文」のイメージが連想されたのである。

また、実際に春秋戦国時代の軍事の様相、特に兵家の活動を復元しようにも、それを阻《はば》む大きな壁が存在した。資料的な制約という壁である。

春秋戦国時代には多くの兵書が編纂《へんさん》されたと伝えられる。しかし、秦帝国興亡の混乱を経て、前漢の初めに張良《ちょうりょう》や韓信《かんしん》が兵書の整理を試みた際、その数は百八十二家であり、さらにそのうちの重要なもの三十五家が残されるのみになっていたという（『漢書』芸文志）。しかも、その多くは、後に散佚《さんいつ》してしまい、『孫子』『呉子《ごし》』『尉繚子《うつりょうし》』『六韜《りくとう》』『三略《さんりゃく》』など、ごく一部の著名な兵書のみが今日に伝えられてきたにすぎない。

さらに、『孫子』をはじめ、それらの兵書には、その真贋《しんがん》についての疑いが古くから持たれてきた。すでに取り上げた『孫子』についても、今に伝わる十三篇が春秋時代の孫武に関わる兵書なのか、戦国時代の孫臏に関わる兵書なのか、それとも三国時代の魏《ぎ》の曹操《そうそう》の頃に偽作されたものなのか、という成立の最も根幹に関わる部分に疑いが持たれてきたのである。また『呉子』『尉繚子』

『司馬法《しばほう》』なども、すべて後代の偽書、あるいは少なくともその一部に偽作部分を含むと考えるのが通説となっていた。

中国の「武士道」を探る試みは、このような資料的制約の前に、まったく停滞していたのである。

銀雀山漢墓竹簡の発見

ところが、こうした状況に大きな衝撃を与える事件が起きた。一九七二年四月、中国の山東省臨沂《りんぎ》県の南にある小高い丘銀雀山《ぎんじゃくざん》から前漢時代の墓が発見された。便宜上、一号墓・二号墓と名付けられた二つの墓の棺の中には、それぞれ白骨死体があったが、すでに散乱しており、性別・年齢などの確認はできなかった。しかし、副葬されていた漆器・陶器・貨幣などの鑑定によって、これらが前漢初期の墳墓であることが確認された。また、一号墓には大量の竹簡《ちくかん》が副葬されていた。これが、中国兵学研究に新たな歴史を開くこととなる銀雀山漢墓竹簡の発見である。

竹簡とは、竹を細く削って作った札である。木製のものを木簡《もくかん》あるいは木牘《もくとく》という。これに文字を書きつけ、ひもで綴《と》じて巻物状にして携帯・保存した。漢代に紙が発明され、その後、文字は紙に筆写されるようになるが、それ以前は、この竹簡が代表的な文書の形態であった。「冊」という漢字は、この竹簡の姿に基づく象形文字であり、この冊を台の上に置いた形が「典」であるとされる。また、『史記』孔子世家《せいか》によれば、孔子は晩年に『易《えき》』を好み、なんども繰り返し読んだため、その竹簡を横に綴じている革（韋編《いへん》）がたびたび切れたという。この故事にちなむ「韋編三絶」の語は、書物を愛読するという意味で使われるが、なぜ「韋編」なのかということは、この竹簡の形状を思い浮かべなければ理解できない。

さて、銀雀山漢墓から出土した竹簡は、約二千年の間、泥水の中に浸っていたので、竹簡を綴じ

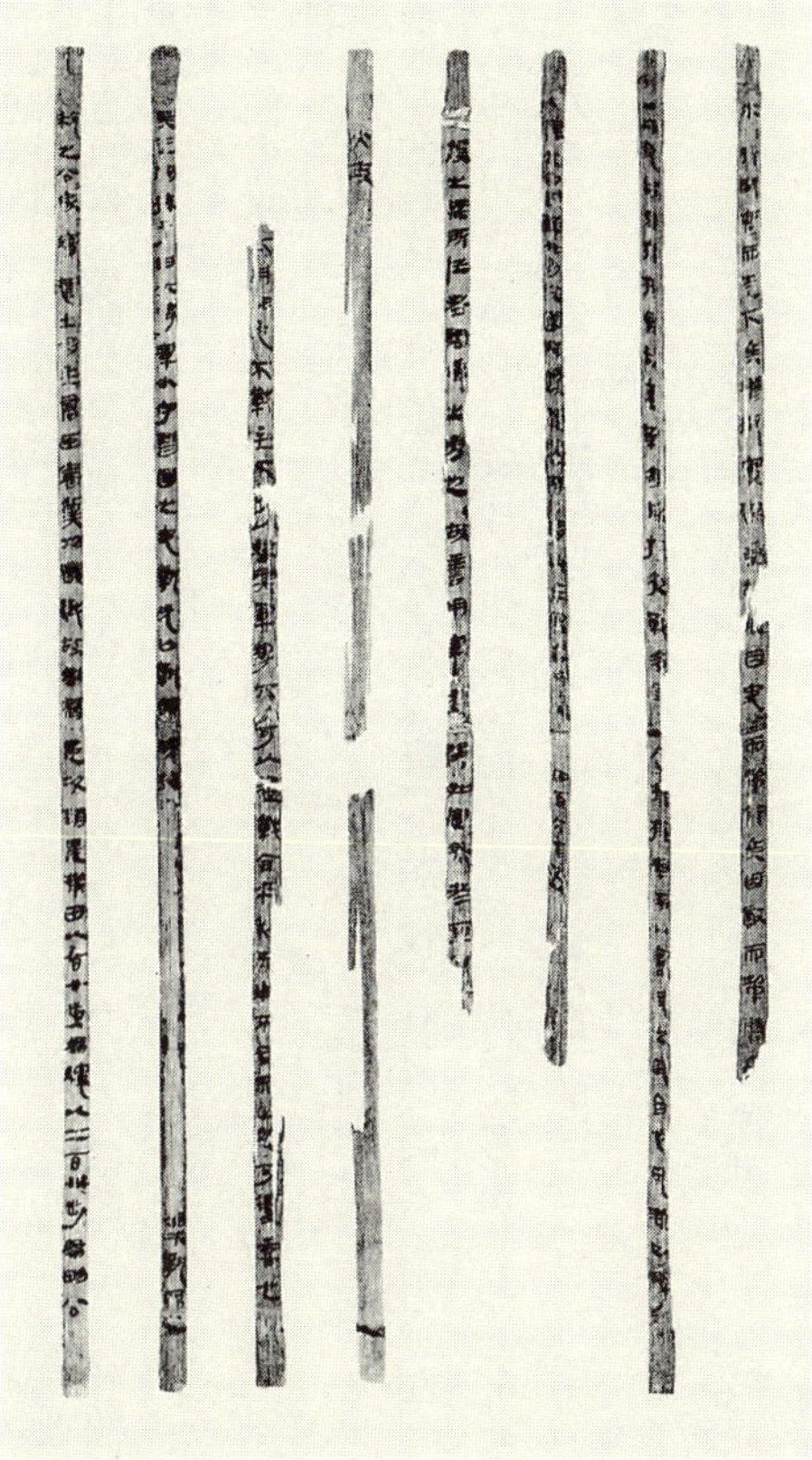

銀雀山漢墓竹簡『孫子』（『銀雀山漢墓竹簡〔一〕』より）

ていた革はすでに朽ちていて、ばらばらになっていたが、その後の整理解読により、その総数は約七千五百枚（破断した一部などを含む）、そのうち、文字を確認できる竹簡は約五千枚であることが分かった。文字は、漢代の通行文字である隷書を使い、毛筆に墨を含ませて記されていた。

一簡の長さは二七・五センチ。幅は〇・五～〇・七センチ、厚さは〇・一～〇・二センチ。内訳は、『孫子』二三三枚、『孫臏兵法』二二二枚、『尉繚子』七十二枚、『六韜』一三六枚、『晏子春秋《あんししゅんじゅう》』一〇三枚、『守法《しゅほう》』などの古佚《こいつ》兵書二二四枚、陰陽・時令《じれい》・占候《せんこう》などの古佚書二百余枚、などである（銀雀山漢墓竹簡整理小組『銀雀山漢墓竹簡〔一〕』文物出版社、一九八五年）。

このように、銀雀山漢墓竹簡の大半は兵書であり、特に、二つの『孫子』が発見されたことは、『孫子』の成立事情を解明する大きな手がかりとなった。

中国の兵書を代表する『孫子』については、これまで不明なことが多く、春秋時代の孫武の著とする『史記』の伝承は、徹底的に疑われてきた。しかし、銀雀山漢墓竹簡には、現行の十三篇にほぼ重なる兵書とともに、戦国時代の孫臏に関わる兵書が含まれていた。これにより、現行の十三篇は、やはり春秋末の孫武に関わる兵書であることがほぼ明らかになったのである。

竹簡本『孫子』

それでは、銀雀山から出土した『孫子』と、これまで伝えられてきた十三篇『孫子』とは、どのような関係にあるのだろうか。たとえば、次の二つの文を比較してみよう。初めが現行本、次が竹簡本である。

守は則ち足らざればなり。攻は則ち余り有ればなり。〔守則不足、攻則有余〕　〔『孫子』形篇〕

守は則ち余り有り、攻は則ち足らず。〔守則有余、攻則不足〕　〔竹簡本『孫子』形篇〕

攻撃と守備の関係について、現行本『孫子』形篇では、守備を優先し、敵に勝てる状況を作り上げてから攻撃するのが良策、とされている。なぜなら、兵力が不足している場合、まず重視すべきは守備であり、攻撃に転ずるのは、兵力に余裕が生じてから、という理解が前提にあるからであった。

ところが、出土した竹簡本『孫子』では、この箇所が「守は則ち余り有り、攻は則ち足らず」となっていて、現行本とは、「攻守」と「有余」「不足」との関係が逆になっている。現行本では、兵力が劣勢だから守備に回り、優勢だから攻撃するとの理解になるが、竹簡本では、守備の方が、戦力に余裕を生ずる、むしろ有利な戦闘形式であるとされている。確かに『孫子』は、攻撃に多大の兵力を要する攻城戦を下策と考え、また攻城戦の場合を例に、攻撃側には十倍の兵力が必要であるとしていた。

上兵《じょうへい》は謀《ぼう》を伐《う》ち、其の次は交を伐ち、其の次は兵を伐ち、其の下は城を攻む。（謀攻篇）

用兵の法は、十ならば則ち之を囲む。（同前）

十倍の兵力がなければ城攻めを行ってはならず、また、それだけ守備の方が基本的に有利な形態であると考えたのである。これは『孫子』の基本的な攻守観に関わる重要な相違点であり、竹簡本の方が本来の思想を伝えているのではないかと考えられる箇所である。

これに関連して注目されるのは、唐の李靖《りせい》の兵法を伝えるとされる『李衛公問対《りえいこうもんたい》』の記述である。李靖はその中で、この『孫子』形篇の語を引用しつつ、「攻守」に関する通念を批判する。つまり、攻守と強弱との関係について、守が先で攻が後、攻が強で守が弱という固定的な理解をするのではなく、敵の状態に応じて、自軍の攻守・強弱を使い分けよと言うのである。もちろん、李靖は現行本と竹簡本とを見比べて言っているわけではないが、李靖は現行本『孫子』の攻守観に何か不自然なものを感じたのであろう。銀雀山漢墓竹簡の発見は、こうした攻守の考え方についても、新たな見方を提供するものとなった。

そのほか、銀雀山漢墓からは、『孫子』の篇名を列挙した木牘《もくとく》（木の札）も同時に出土した。一部欠落してはいるが、最後の部分は「九地」「用間」「火陳《かじん》（火攻）」の順で記されている。前記のとおり、「火攻」篇と「用間」篇の順序が現行本とは逆になっていることが分かる。ただ、全体としてみれば、こうした相違点はそれほど多くはない。むしろ、『孫子』の兵法がほぼ旧態を保って脈々と伝承されてきたことに驚かされる。

これにより、『孫子』についてはもちろん、他の古代兵書についても、その特質を探る試みが可能となったのである。そこで、次の第二部では、『呉子』『孫臏兵法』『尉繚子』『司馬法』などの古代兵書、および唐代の『李衛公問対』を取り上げることにより、『孫子』の兵法がどのように展開していったのか、また中国兵学の特質とは何か、について考えてみよう。

二　中国の兵書

文字の国

中国は、早熟な文字文化の国である。春秋戦国時代（前五世紀〜前三世紀）には、多くの思想家が経世の理想を抱き、諸国を遊説《ゆうぜい》しながら互いに議論を戦わせるという、いわゆる「諸子百家」の時代を迎えた。彼らの言説は、思想家自身によって、あるいは、弟子門人たちによって著述編纂され、膨大な数の文献が流布していった。

孫子・呉子の書は家ごとに蔵されていたと言われ、また、恵施《けいし》という思想家は常に車五台分の書籍を引きながら遊説に出かけたと伝えられる。

こうした豊かな文字文化に衝撃を与えたのは、秦の始皇帝による「焚書坑儒《ふんしょこうじゅ》」であった。厳格な法治と富国強兵策により中国を統一した始皇帝は、思想統制の一環として、指定書以外の書物を焼き尽くし（焚書）、無駄口をたたくだけで役に立たない学者を穴埋めにして殺した（坑儒）。さらに、この秦帝国がわずか十五年で滅びゆく際、秦の都咸陽《かんよう》に入った項羽《こうう》は、宮殿をことごとく焼き払った。始皇帝の焚書坑儒や項羽の焼き討ちにより、中国世界は多くの貴重な書籍を失うこととなっ

始皇帝（『三才図会』）

た。

しかし、こうした混乱を経て前漢時代（前二〇六～後八）に入ると、文献の整理・収集の必要性が強く求められるようになった。そこに現れたのが、前漢末の学者劉向《りゅうきょう》（前七七～前六、本名は更生《こうせい》、字は子政《しせい》）である。劉向は、成帝（前三三～後七）の時代、宮中の蔵書の校訂や目録の作成などを行い、中国目録学の始祖と言われる。

劉向は、各書物の解題を『別録』という書にまとめた。また、その子の劉歆《りゅうきん》（？～二三）は、父の仕事を受け継ぎ、『七略《しちりゃく》』という図書目録を完成させた。残念ながら、この二つの書は現存せず、その内容の詳細を知ることはできない。ところが、後漢時代（二五～二二〇）に『漢書』が編纂された際、その図書目録部分である「芸文志《げいもんし》」が劉歆の『七略』に基づいて編纂されたため、この「芸文志」を通じて、劉向・劉歆父子の業績を推測することができる。

『漢書』芸文志は、劉歆の『七略』を継承し、書籍の分類・整理を行い、当時存在した書籍の名をその分類に沿って列挙している。「芸文志」は現存する中国最古の図書目録であり、当時の学術の全体像を明らかにするきわめて貴重な資料である。

その「芸文志」は、書籍を、六芸略《りくげいりゃく》・諸子略・詩賦《しふ》略・兵書略・術数略・方技略の六つに分類する（このほか、輯略《しゅうりゃく》という部分があり、これをあわせた七部が劉歆の『七略』に対応すると思われるが、輯略の部分は『漢書』芸文志には直接現れていない）。

各部内は、さらに細目によって分類される。たとえば、儒家の経典やその注釈の部である「六芸略」は易・書・詩・礼・楽《がく》・春秋・論語・孝経・小学に細分され、諸子百家の書の部である「諸子略」は儒家・道家・陰陽家・法家・名家・墨家・縦横家《しょうおうか》・雑家・農家、小説家に細分される、といった具合である。「芸文志」にその名を記載された書籍は、五九六家、一三二六九巻に及んだ。

兵書の整理と分類

『漢書』芸文志の編纂で兵書の部を担当した任宏《じんこう》は、兵書を「兵権謀《へいけんぼう》」「兵形勢《けいせい》」「兵陰陽《いんよう》」「兵技巧《ぎこう》」の四種に分類した。「兵権謀」とは、直接的な戦闘を避け、権謀と奇策によって効果的な勝利を得ようとするもので、『孫子』『孫臏兵法』『呉子』をはじめとする計十三家二百五十九篇が該当する。「兵形勢」とは、地形や風雨などの自然条件を利用し、巧みな変化と機動性によって勝利を得ようとするもので、計十一家九十二篇図十八巻。「兵陰陽」とは、日時を尊重し、天体の方角に留意し、五行相勝の原理に依拠し、鬼神の助力を得るという呪術性の高い兵法で、計十六家二百四十九篇図十巻。「兵技巧」とは、武器の操作法や軍事教練法を説くもので、計十三家百九十九篇である。

ただ、この四種のうち、「兵形勢」「兵陰陽」「兵技巧」に分類された兵書はほとんど失われてしまい、その実態が分からない。銀雀山漢墓から出土した『孫子』『孫臏兵法』『尉繚子』などを含めて、中国兵法の根幹をなすのは「兵権謀」類の兵書であった。

この第二部では、『孫子』とともに中国古代兵書の双璧とされる『呉子』をまず取り上げたい。次に、銀雀山漢墓竹簡の発見によってその実態の解明が進んだ『孫臏兵法』と『尉繚子』、および斉の景公《けいこう》に仕えた将軍司馬穰苴《しばじょうしょ》の兵法を伝えるとされる『司馬法』を取り上げ、戦国時代において『孫子』の兵法がどのように継承され、また展開しているのかについて考える。そして最後に、これら古代兵法と後世の兵学との関係を考える一例として、唐の李靖《りせい》の兵法書とされる『李衛公問対《りえいこうもんたい》』を取り上げることとしたい。

1 『呉子』——武卒の養成

孫呉の書は家ごとにあり

戦国時代前期の呉起《ごき》の兵法を伝えるとされる『呉子《ごし》』は、『孫子』と並ぶ中国の代表的兵書である。戦国時代末期（前三世紀末）の韓非《かんぴ》の思想をまとめた『韓非子《かんぴし》』は、当時の兵書の流布状況について、こう述べている。

今、境内《けいだい》（国中）皆、兵を言い、孫呉《そんご》の書を蔵する者は家ごとに之《これ》有り。（五蠹《ごと》篇）

孫子・呉子の兵書が全国各戸に蔵有されていたと言うのである。また、司馬遷《しばせん》の『史記』もこう記している。

世俗の師旅《しりょ》（軍事）を称する所、皆孫子十三篇・呉起兵法を道《い》う。（孫子呉起列伝）

これらの記載には多少の誇張はあるとしても、ここからは、兵書としての『呉子』の地位を推測することができるであろう。当時、兵書と言えば「孫呉」がまず連想されたのである。

『呉子』偽書説

ただ『呉子』には、ながく疑いの目が注がれてきた。『呉子』は呉起の自著ではなく、後の人によって偽作されたという疑いである。銀雀山漢墓竹簡をはじめとする近年の出土資料中にも『呉子』に該当する文献が含まれていなかったことから、依然としてその疑いは晴れていない。

この偽書説の発端は、『漢書』芸文志の「呉起四十八篇」という記載にある。今に伝わる『呉子』はわずかに六篇（図国《とこく》・料敵《りょうてき》・治兵《ちへい》・論将・応変《おうへん》・励士《れいし》）であり、「芸文志」の記載と合わないというのが、その理由である。

そしてこの疑いは、『呉子』の内容面への疑問や批判となって噴き出した。たとえば、『呉子』の説く城攻めのなかに、「城を屠《ほふ》る」という語がある。これは籠城する敵を殲滅《せんめつ》しようとするもので、あまりに無慈悲なことばだという批判がある（姚際恒《ようさいこう》『古今偽書考』）。また、『呉子』には、夜警と士気の維持を目的とした「夜金鼓笳笛《きんこかてき》を以て節《せつ》と為す」ということばが見えるが、このうちの「笳笛」という語も、魏晋以降（三〜四世紀）でなければありえないという批判がある（姚鼐《ようだい》『惜抱軒《せきほうけん》文集』巻五「読司馬法六韜」）。

確かに、今に伝わる『呉子』の中には、呉起が活躍したとされる魏《ぎ》の文侯《ぶんこう》（在位前四四五〜三九六）、武侯《ぶこう》（在位前三九五〜三七〇）期、すなわち戦国時代前期の時代状況には合致しない内容が存在する。右に指摘された「笳笛」は、漢代に西域で流行した笛であり、後に軍楽に取り入れられたものとされる。

しかし、かりにこれらを、呉起の時代との明らかな矛盾であるとしても、それで『呉子』全体を偽書と判定してよいのであろうか。『呉子』が後人の編集を経ているとしても、その編集は、呉起の思想とまったく無関係に進められたのか、あるいは、基本的には呉起の思想を尊重する形で行われたのか。また、現行本六篇がすべて一時期に偽作されたのか、あるいは、古い資料をもとに順次追加する形で編纂されたのかなど、なお慎重な判断を要するであろう。まずは今に伝わる『呉子』六篇を虚心に読むところから始めたい。

「図国」と「治兵」の思想

『呉子』六篇を概観してまず注目されるのは、冒頭の篇名にもなっている「図国《とこく》」の思想である。「図国」とは「国（家）を図《はか》る」と読み、武力を発動する前提としての「国政」の重要性を説くものである。

呉子曰《いわ》く、昔の国家を図る者は、必ず先《ま》ず百姓《ひゃくせい》を教えて万民に親しむ。四不和《しふわ》有り。国に和せずんば以て軍を出すべからず、軍に和せずんば以て出て陳《じん》すべからず、陳に和せずんば、以て進んで戦うべからず。戦に和せずんば以て勝ちを決すべからず。（図国篇）

『呉子』はここで、「和」が大切であると力説する。実際の「戦」闘行動に際しては兵士の「和」が重要である。個々の兵士がばらばらに奮闘しても集団としての力を発揮できない。調和こそ勝利の鍵である。しかし、戦場でいきなり調「和」しようと思っても手遅れであり、戦闘行動に移る前の戦「陣（陳）」がすでに調「和」していなければならない。また戦「陣」が整うためには、戦陣を張る前の「軍」隊そのものが調「和」している必要がある。さらに「軍」隊は「国」

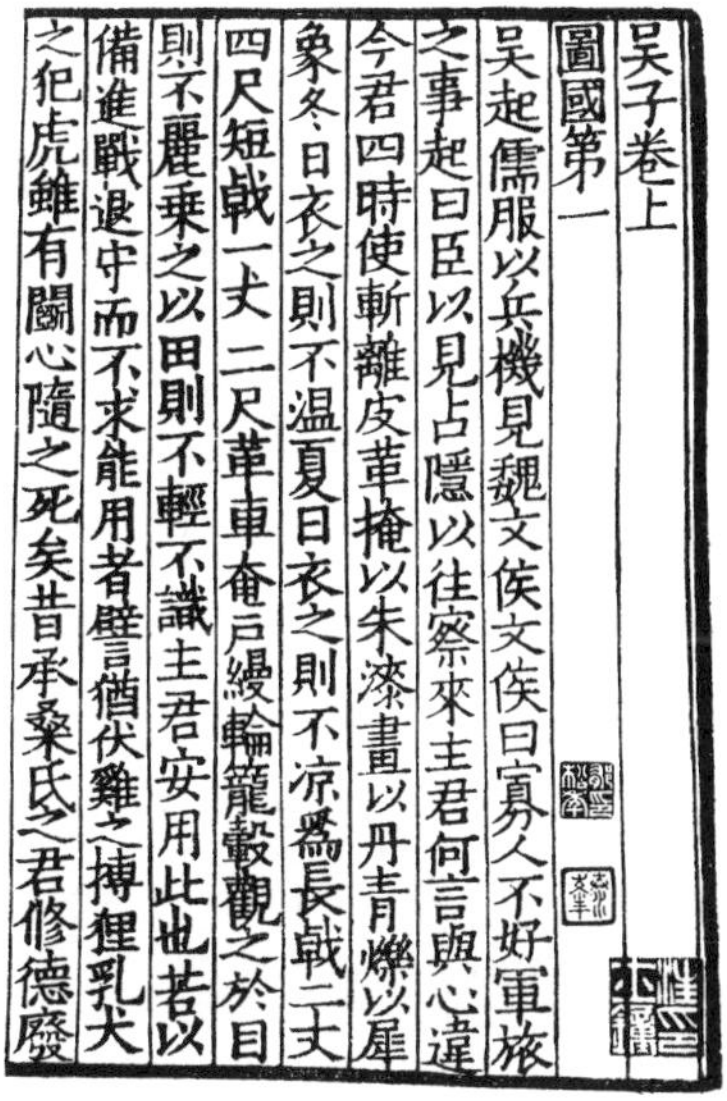
吳子卷上
圖國第一
吳起儒服以兵機見魏文侯文侯曰寡人不好軍旅
之事起曰臣以見占隱以往察來主君何言與心違
今君四時使斬離皮革掩以朱漆畫以丹青爍以犀
象冬日衣之則不溫夏日衣之則不涼爲長戟二丈
四尺短戟一丈二尺革車奄戶縵輪籠轂觀之於目
則不麗乘之以田則不輕不識主君安用此也若以
備進戰退守而不求能用者譬猶伏雞之搏狸乳犬
之犯虎雖有鬭心隨之死矣昔承桑氏之君修德廢

『呉子』図国篇（宋刊武経七書本）

政の「和」を基盤にしていなければならない。

つまり、内政→軍容→陣容→戦闘という段階を踏んで、ようやく勝利が得られるのであり、最も根本的な課題は、開戦前の「国」内における親「和」であると説くのである。

この「図国」の思想は、有事の前提としての平時の内政の重要性を指摘するものであるが、これがさらに強く戦争を意識した段階に進むと、「治兵」の思想となる。

勝利の最大の要因は何かと問う魏の武侯に対して、呉起は「治」であると答える。兵士の数の多さこそ勝利の鍵と考えていた武侯は疑問に思うが、呉起は、数にもまして重要なのは「治兵」であるとして、次のように説く。


若《も》し法令明らかならず、賞罰信ならず、之に金《きん》して止《とど》まらず、之を鼓《こ》して進まざれば、百万有りと雖《いえど》も、何ぞ用に益《えき》あらん。所謂《いわゆる》治とは、居《お》れば則ち礼有り、動けば則ち威有り、進めば当たるべからず、退《しりぞ》けば追うべからず。（治兵篇）

「治兵」とは、軍容を整えること、つまり、「法令」「賞罰」や「金」「鼓」の指示という軍規・指揮命令系統を整備し、軍事教練を徹底させることである。「治」まっていない軍隊は、いくら数が多くても、烏合《うごう》の衆にすぎない。

この「治兵」の思想は、具体的な有事をより強く意識した段階にあると言える。ただ、直接的な戦闘の前の諸施策が勝敗を左右するという考え方は「図国」の思想とも共通している。こうした発想はすでに『孫子』の中にも「廟算」として見られたわけであるが、この『呉子』では、「図国」「治兵」の思想として、それをさらに展開させていると言えよう。

士卒の選抜

第二の特徴としてあげられるのは、士卒選抜の思想である。士卒の動員に関する思考は、『孫子』の中でも特に精彩を放つ部分として注目された。戦士はすべて優秀とは限らない。戦闘能力や戦意に問題を抱える大量の兵をいかに動員し操作するか。このことに、『孫子』は多くのことばを費やしていた。そこでは、兵士は没我的な一群の「衆」としてとらえられ、これを集団として操作するための技術が重視されていた。

ところが『呉子』は、それとは逆に、士卒の力量を個々に把握し選抜するという特徴的な主張を行っている。

『呉子』はまず春秋の覇者の例をあげる。斉の桓公《かんこう》も、晋の文侯も、秦の穆王《ぼくおう》も、精鋭部隊を編成したことによって成功を収めたのだ、と。そして、君主が「民」の実情を把握した上で、たとえば、「胆力気力にすぐれた者」「忠義をつくし勇敢である者」「身体能力にすぐれ早く走り高く跳ぶことのできる者」などといった突出した能力を持つ者を選抜し、その能力ごとに一部隊を編成するという方法で、つごう三千人の精鋭を養成せよと言う。このようにして編成された精鋭部隊は、どのような敵の囲みでも突破でき、どのような敵の城をも落とすことができるというのである。

また、士卒の体格や性格に応じて、使用する武器を変えよとも説いている。

短者は矛戟《ぼうげき》を持ち、長者は弓弩《きゅうど》を持ち、強者は旌旗《せいき》を持ち、勇者は金鼓を持ち、弱者は廝養《しよう》を給し、智者は謀主《ぼうしゅ》と為す。（治兵篇）

秦の兵馬俑《へいばよう》として知られる秦の軍隊は、始皇帝の近衛兵《このえへい》で、いずれも体格すぐれた兵士であったようであるが、実際の軍隊の中には、背の高い者も低い者もいる。勇敢な者も臆病な者もいる。むしろ雑多な集団である。『呉子』はそうした実情を冷静にとらえ、それぞれの特徴を見きわめてうまく活用すべきだと説くのである。背の低い者には、その身長をカバーするような長いほこを持たせ、背の高い者にはゆみを持たせ、力自慢の者には、部隊を示し指令を発するための大きな旗を持たせ、勇気あふれる者には、前進や退却の合図となる鉦《かね》や太鼓をたたかせる。また、力の弱い者も雑役係とし、知恵のすぐれた者は参謀とする。

一つの集団を統制しようとするとき、規格に合わない人間はとかく除外されがちになるが、『呉子』はそれぞれの人間にそれぞれの意義を認めようとするのである。

こうした士卒選抜の思想は、魏の軍隊の特徴として他国からも注目されたようである。後に『荀子《じゅんし》』は、それを魏の「武卒《ぶそつ》」と表現した。では、この「武卒」の思想は、さきに見た「図国」や「治兵」の思想とどのような関係にあるのであろうか。

呉起の西河防衛

この点について重要な手がかりになるのが、『史記』『戦国策』『呂氏春秋《りょししゅんじゅう》』などに見える呉起の伝承である。そこに記された呉起の事跡は、いずれも断片的記事ではあるが、それらに共通するものとして、呉起の西河《せいか》防衛における活躍をあげることができる。

『史記』に「呉起西河の守《しゅ》と為《な》り、甚《はなは》だ声名《せいめい》有り」（孫子呉起列伝）とある。この「西河」とは、当時の秦と魏との国境を流れる黄河の古名である。この西河地区は、魏にとって、最も西側に位置する対秦防衛の要衝の地であった。

魏の武侯はかつて家臣たちとこの西河に遊び、他国の侵略を防いでくれる山河の険をたたえた。ところが呉起は、地理的によい条件を備えながら滅亡していった国の例をあげ、武侯を諫《いさ》めたという。これに心を動かされた武侯は、西河防衛を呉起に一任したという。

以後、呉起は、文侯・武侯二代の時期にわたって西河防衛の任に当たり、赫々《かくかく》たる戦功をあげた。その様子を、『呉子』は次のように伝えている。

西河を守りて諸侯と大いに戦うこと七十六、全勝六十四、余は則ち鈞《ひと》しく解く。土を闢《ひら》くこと四面、地を拓《ひら》くこと千里、皆（呉）起の功なり。（図国篇）

七十六戦して、六十四勝、十二引き分け、負けなし、というのが呉起の戦歴である。さらに注目されるのは、「地を拓くこと千里」と、軍事行動と土地の開墾とが一体になっていたという点であろう。つまり、魏の辺境「西河」にあって、呉起は、魏の中央正規軍を展開して対秦防衛に当たったのではない。西河の開墾と戦闘とを一体になって行う農民兵を募り、彼らを教練・選抜し、精鋭部隊を編成していったと推測されるのである。

魏の「武卒」と楚国の改革

しかし、そうした困難きわまりない事業に、民が自主的に参加してくるはずはない。もちろん、常備軍の一部や他の地の民を強制移住させた可能性もあるが、いずれにしてもそこには、彼らを農戦にかりたてる何かがあったとしなければならない。この点について参考となるのは、『荀子』に論評される魏の軍容である。

『荀子』議兵篇によれば、魏の兵は、三種の鎧《よろい》や十二石の弩（機械じかけの弓）などの重装備で百里の行程を走破するなどの「試」によって選別され、その合格者のみが「武卒」という精鋭として編成されていたという。さらにこの武卒には、徭役《ようえき》（租税として民に課された労役）の免除や田宅の税の減免などの特権が与えられていたともいう。しかも、そうした特権は、現役引退後もしばらく保障されたようである。もっとも、荀子は、こうした措置を、財政破綻を招くものとして批判している。

しかしながら、この記述は、呉起の施策の実態について、重要な手がかりを与えるものとなろう。つまり、呉起は西河防衛に際して、こうした優遇措置を特例的に保証しつつ、秦の大軍に対抗できる「武卒」を養成していったのではないかと思われるのである。秦の侵攻に際し、魏の士卒は上官の命令を待つまでもなく奮闘し、わずか五万の兵力で秦の五十万の軍隊を撃破したという。こうした記述には、多分に誇張が含まれるとしても、自ら開墾した土地や、徭役・租税の免除という特権を死守するために、魏の「武卒」が「奮撃」したことは充分に考えられる。『呉子』の思想は、西河防衛という呉起の必死の実体験を踏まえている可能性が高い。

また、呉起は、後に宰相公叔《こうしゅく》の計略にかかって、楚へ亡命することとなる。その楚国での呉起の活動も、この西河での実績と深い関わりがあったようである。

『史記』孫子呉起列伝の記載によれば、楚の悼王《とうおう》によって宰相に任命された呉起は、楚国の改革を断行する。その手法は、西河防衛における呉起の実践を髣髴とさせるものであった。「法を明らかにし、令を審《つまび》らかに」するという法治主義の徹底、「不急（緊急性のない不必要）の官を捐《す》て」るという官僚組織の整備、「公族の疎遠なる者を廃」すという爵制の改革、「戦闘の士を撫養《ぶよう》す」という軍隊組織の充実。これらは、かつて西河で試みた施策を、楚という大きな舞台を得た呉起が国家的規模で展開しようとしたものではなかろうか。その急激な改革は、楚を強国へと押し上げたが、一方では、旧臣たちの反発をも招き、呉起は、讒言《ざんげん》にあって車裂《しゃれつ》の刑（罪人の手足を別々の車にしばりつけ、車を別々の方向に走らせて手足を裂く残酷な刑罰）に処せられたという。

『呉子』の編纂

さて、このように、呉起の「武卒」の試みが西河防衛において大きな成果をあげ、さらに楚国で大々的に展開されたとすれば、それは、『呉子』の内容や編纂過程に何らかの手がかりを与えるものとはならないであろうか。

まず、「孫呉の書」が家ごとにあったという『呉子』の流布状況は、呉起学派とも言うべき門人後学たちが存在していたことを示唆する。『孫臏兵法』の発見によって、「孫氏」学派の存在が明らかになったが、呉起についても、『呉子』を編纂し、その宣伝につとめた者たちの存在を想定する必要があろう。むろん、彼らは、魏や楚における呉起の実践活動を顕彰する立場から、『呉子』を編纂したはずである。

またその顕彰は、西河防衛という辺境の一事象に止まってはならなかった。あたかも呉起が魏の軍政全般を担ったかのように顕彰する必要があった。そうした編纂者の強い意識が『呉子』に反映しているのではなかろうか。つまり、『呉子』は、呉起の西河防衛における実績「武卒」をもとに、さらにそれを「図国」「治兵」とからめて、国家の軍政全体に拡大適用すべきであるとの呉起の思想、あるいは後学の願望を表明したものであると考えられるのである。

ただし、この思想や願望は、後に『荀子』が、魏の軍容の特質として「武卒」をあげていることから、その後、魏国の軍政に実際に浸透し、魏の伝統となっていった可能性も充分に考えられる。また、楚国においては、短期間ながら、全国的規模の展開が呉起自らの手によって実施されてもいるのである。

このように考えると、「図国」「治兵」という国民皆兵的な思考と、「武卒」という士卒選抜の思考とが、一書の中に共存している理由も了解されるであろう。「武卒」とは、旧来の貴族をそのまま「士」として特別待遇するものではなく、土地開墾と戦闘とに人民を駆り立てようとするものであった。それは、呉起の没後数十年の後、商鞅《しょうおう》が秦において実施する商鞅変法《へんぽう》（農戦体制）を先取りするかのような実績であったと言える。

商鞅とは、戦国時代の衛《えい》の人で、法家の政治家として著名である。姓名を公孫鞅《こうそんおう》といい、衛の公室出身だったので衛鞅とも呼ばれ、また、商に封ぜられたことから商鞅・商君ともいう。商鞅は、戦国時代中期の秦の孝公に仕え、二度の「変法」を断行して、富国強兵につとめた。その特色は、厳格な法治によって、民を農耕と戦闘とに専念させようとするものであった。秦はこの改革により、一躍強国への道を歩みだし、やがて始皇帝による中国統一を実現することとなる。呉起の活動は、この商鞅変法の前触れのような性格を持っていたのである。

「孫呉」の兵法

こうして編纂された『呉子』は、どのようにして『孫子』に並ぶ兵書と認識されるようになったのであろうか。

この点についてまず注目しなければならないのは、『呉子』における儒家的性格の有無である。冷徹な『孫子』の内容とは対照的に、『呉子』には儒家的精神がうかがえる、との見方が存在するからである。確かに、呉起はかつて孔子の弟子の曾子《そうし》（曾参《そうしん》）に学び、魯君に仕え（『史記』孫子呉起列伝）、儒者の服を着て魏の文侯に謁見したという（『呉子』図国篇）。

しかし『史記』の伝える所によれば、呉起の人となりは残忍で、曾子も、後に呉起を破門している。また、「儒服」して文侯に謁見したというのも、戦争嫌いの文侯に配慮しての作為であったとも考えられる。

さらに、呉起が最下級の士卒と同じ衣食に甘んじ、士卒と苦労をともにした（『史記』孫子呉起列伝）というのも、一見、儒家的な仁愛の情に出るもののようであるが、これも、士卒の心をつかむための作為として理解する必要があろう。同様の伝承として、腫《は》れ物を病む兵卒の膿《うみ》を呉起みずから吸ってやったというものがあるが、ここにも、愛情よりは、むしろ呉起の冷徹な目を想定する必要がある。その兵士の母が我が子の死を予見して慟哭《どうこく》し、後に前漢の劉向《りゅうきょう》（前七七〜前六）の『説苑《ぜいえん》』がこの故事を「復恩《ふくおん》」篇に収録するように、将軍呉起の行為に感激した兵は、その恩に報いるため、後日死を賭して戦ったに違いない。呉起はそうした士卒の心情を見通していたのである。

ただし、『呉子』には、そのような合理的で冷徹な面のみではなく、旧来の伝統を尊重しようとする傾向も確かに存在する。たとえば、殷《いん》の湯王《とうおう》や周の武王を「聖人」（為政者の理想像）として評価し、「道」「義」「礼」「仁」の「四徳」が国家の興亡を左右する、と述べている。

このうち、「道」は、『孫子』においても、廟算の際の「五事」の第一としてあげられており、軍事に一貫する法則性を表す重要なことばであった。『呉子』はこれに、「義」「礼」「仁」を加え、また、その理想像として殷の湯王や周の武王といった「聖人」をあげている。

こうした復古的とも言える性格が『呉子』に見られるのは、呉起の置かれた文化的環境にも原因があろう。

『孫子』成立の背景となった呉は、春秋の当時にあっては、なお南方の蛮夷《ばんい》（未開の地）とされており、氏族社会を柱とする中原の伝統的文化を共有していなかった。それゆえ、呉は、従来の伝統的戦争形態にまったくとらわれることなく、民を大量に動員した歩兵戦を展開することができたのである。これに対して、呉起が活躍した魏国は、晋《しん》国が分裂して誕生した中原の一国であり、西周以来の伝統的文化圏に属していた。魏国はそうした文化を最も早く改変していった先進国であるとは言え、基本的な氏族社会や文化的伝統は、軍事思想を構成する際にも、なお重要な前提になっていたのではないかと考えられる。

したがって、『呉子』の軍事思想を儒家的であるとするのには問題があるとしても、確かに『呉子』には、『孫子』に見られぬ伝統重視の側面が存在していると言えよう。この点は、『孫子』に、かつての道義的倫理的な戦争観の欠如を見る者に対しても、『呉子』がそれを補完しているとの印象を与えた可能性があろう。

第二に、『孫子』との対比で注目されるのは、『呉子』における戦争分析である。まず、興軍の根拠について、『孫子』では、廟算の結果、「利」に合致するか否かというきわめて実利的な理由が掲げられるのみであった。これに対して『呉子』では、多様な戦争のあり方を分析して、次の五つの要因にまとめている。

呉子曰《いわ》く、凡《およ》そ兵の起《お》くる所の者五有り。一に曰く名を争う、二に曰く利を争う、三に曰く悪

を積む、四に曰く内乱《うちみだ》る、五に曰く饑《き》に因《よ》る。（図国篇）

戦争には、大義名分のために争うもの、領土の拡大など利益の獲得を目指すもの、敵国への積年の憎悪のために戦うもの、敵の内乱に乗じて戦うもの、敵の凶作による困窮や飢饉を突くもの、があるという。これらは、呉起の直接関与した戦争の内訳というよりも、広く戦争の諸形態を分析した上での総合的な分類と言えるであろう。

これに続いて軍隊の性格が五つに分類されている。

其の名に又た五有り。一に曰く義兵、二に曰く強兵、三に曰く剛兵、四に曰く暴兵、五に曰く逆兵。（図国篇）

軍隊には「義兵」「強兵」「剛兵」「暴兵」「逆兵」の五つがある。「義兵」とは天下を救済するという大義を掲げて行動する正義の軍隊、「強兵」とは圧倒的な兵力で敵をなぎたおすような軍隊、「剛兵」とは他国への怒りの情で挙兵した荒々しい軍隊、「暴兵」とはただ利をむさぼるような暴虐の軍隊、「逆兵」とは天道にも人心にも逆らうような大逆の軍隊である。『呉子』はこのように、多様な戦争のあり方を分類整理しようとする。このうちの「義兵」「逆兵」などは、戦国中期から後期に至る軍事思想史の上できわめて重要な概念となっていくが、ここでの分析はまだ初歩的な段階に止まっている。しかし、春秋時代においてはなお漠然と意識されていた戦争の諸性格が、ここでは、明確に分類化されつつあることが分かる。

このことは、また、戦闘形態の区分とも関連している。「応変」篇では、「谷戦」「水戦」「車戦」など、地形に応じた戦闘形態の分類を示し、それぞれの戦闘上の要点を論じている。たとえば、「水戦」では、「敵若《も》し水を絶《わた》らば、半《なか》ば渡りしときにして之に薄《せま》れ」と説く。これは、渡河中の敵を撃てとするもので、春秋時代の泓《おう》の会戦における「宋襄《そうじょう》の仁《じん》」(四頁参照)とは対極にある思考として注目される。

さらに、これらに加えて、呉起自身の将軍としての活躍もみのがせない。戦国中期頃の成立と推定される『尉繚子』には、すでに呉起の実践的活動が紹介され、将軍の一つの理想像とされている。そこに描かれる呉起は、常に最前線にあって士卒と起居をともにするという率先的な将軍であり、また一方、軍令違反の兵を立ちどころに斬るという厳格な将軍であった。こうした鮮烈な呉起像も、『呉子』を『孫子』と双璧の地位に押し上げる上で重要な役割を果たしたのではないかと思われる。

2 『孫臏兵法』――孫氏の道の継承

孫臏の伝承

孫武が活躍してからおよそ百年の後、その子孫に孫臏《そんぴん》が現れた。孫臏は戦国時代中期の斉《せい》の威王《いおう》（在位前三五六〜三二〇）に仕えた兵法家である。孫臏はかつて龐涓《ほうけん》とともに兵法を鬼谷子《きこくし》という人物に学んだという。

龐涓は、魏《ぎ》の恵王《けいおう》に仕えて将軍となったが、ひそかに孫臏の実力にはかなわないと思っていた。そこで、孫臏を計略にかけて呼び寄せ、無実の罪を着せて足斬りの刑に処し、黥《いれずみ》までほどこした。孫臏の「臏《ひん》」とは足斬りの刑の意である。

その後、孫臏は斉の威王に仕え、将軍田忌《でんき》から才能を認められ、客分として待遇された。前三四一年の魏との戦いでは、馬陵《ばりょう》の地で将軍龐涓を自刃に追い込んだ。その巧みな戦法は、「減竈《げんそう》」の故事として語り継がれている。

この戦いで孫臏は、勇猛果敢で向こう見ずの魏兵の気風を逆用した。魏領に攻め込んだ斉兵に、初めは十万個の竈《かまど》を作らせ、翌日には五万個、その翌日には三万個と徐々に竈の数を減らしながら退却を命じた。偽りの退却、すなわち「佯北《ようほく》の計」である。これを見た龐涓は、怖《お》じ気づいた斉兵に逃亡者が続出していると考えた。この機に乗じて斉兵を殲滅せんと、龐涓は機動性に欠ける本隊を残し、精鋭の騎兵だけを率いて休息も取らずに急追した。孫臏は、こうした龐涓の心理と追撃速度とを予測した上で、馬陵の狭い谷間の道に伏兵を置いた。

魏軍は、この馬陵の地で斉の伏兵による一斉射撃によって壊滅、龐涓は自刃して果てた。孫臏はこの馬陵の戦いの勝利で一躍名を馳せ、その兵法は後世に伝えられることとなった。

以上は『史記』の記す孫臏の伝承である。しかし、春秋時代の孫武と戦国時代の孫臏との関係、およびその両者と現行本十三篇『孫子』との関係は、これまで、研究史上の大きな謎として残されてきた。

銀雀山漢墓竹簡の発見

一九七二年、中国の山東省臨沂県銀雀山で発見された約五千枚の竹簡は、この謎を解く有力な手がかりとなった。そこには、十三篇『孫子』に合致する兵書とともに、戦国時代の孫臏の言行を主な内容とする兵書が含まれていたのである。これにより、孫武・孫臏それぞれに関わる二つの兵書が、やはり伝承通り存在したことが明らかになった。『孫臏兵法』研究に新たな展望が開かれたのである。

銀雀山漢墓竹簡『孫臏兵法』によれば、その兵法は、基本的には『孫子』を継承していることが分かる。『孫臏兵法』は、篇名未詳（仮題）のものも含め、「擒龐涓《きんほうけん》」「威王問」「簒卒《さんそつ》」「勢備《せいび》」な

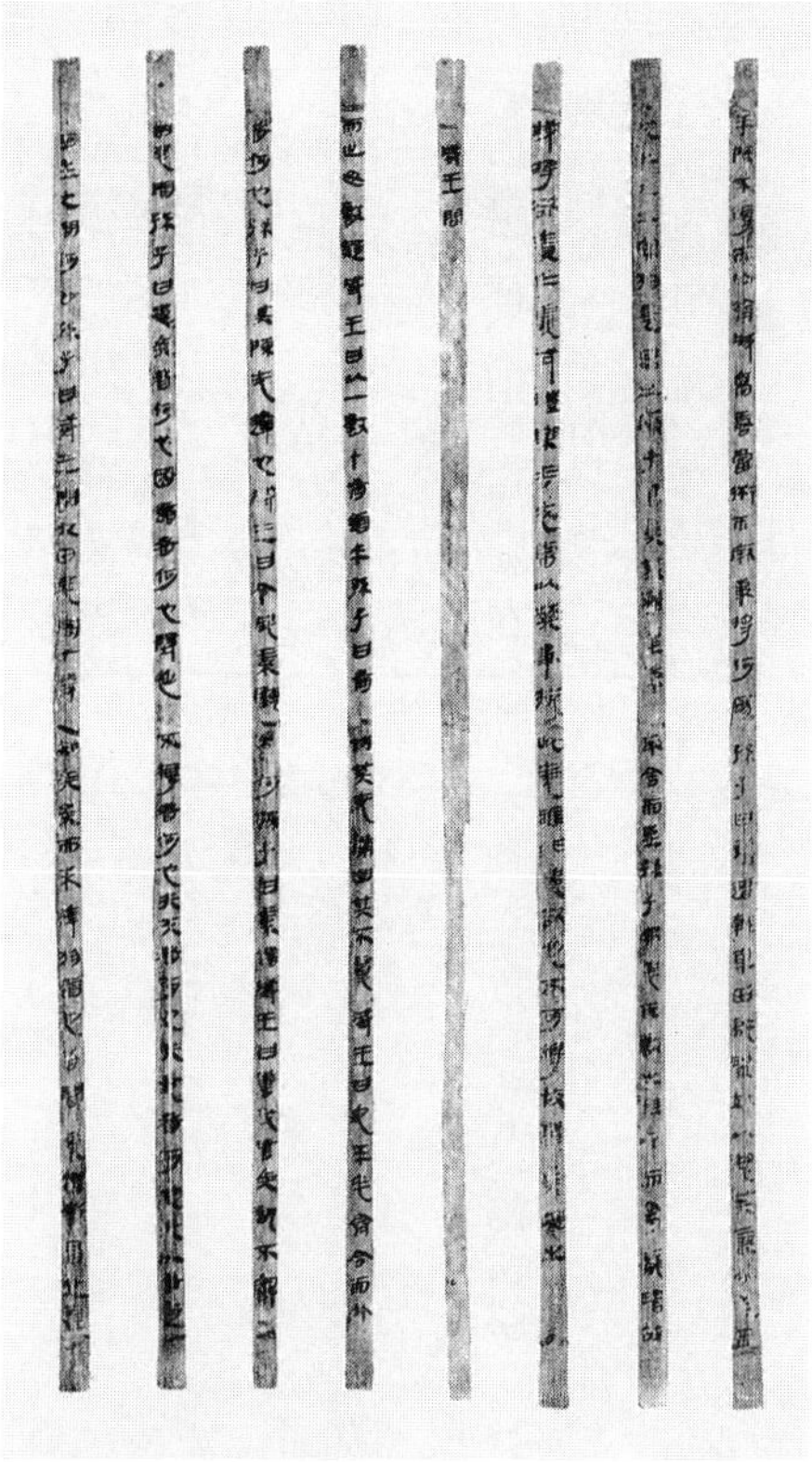

銀雀山漢墓竹簡『孫臏兵法』
（『銀雀山漢墓竹簡〔一〕』より）

ど全三十篇に整理されているが、その中の「陳忌問塁《ちんきもんるい》」篇に「孫氏《そんし》の道」という表現が見られるとおり、やはり、孫武以来の兵法は、「孫氏」に家学として継承されていたのである。たとえば、次の文を比較してみよう。初めが『孫子』、次が『孫臏兵法』である。

兵とは国の大事なり。死生の地、存亡の道、察せざるべからざるなり。（『孫子』計篇）

戦い勝てば、則ち亡国《ぼうこく》を在し絶世《ぜっせい》を継ぐ所以《ゆえん》なるも、戦い勝たざれば、則ち地を削《けず》られて社《しゃ》稷《しょく》を危うくする所以なり。是《こ》の故《ゆえ》に兵なる者は察せざるべからず。然《しか》らば夫《か》の兵を楽しむ者は亡《ほろ》び、而《しか》して勝を利とする者は辱《はずか》しめらる。（『孫臏兵法』見威王《けんいおう》篇）

これは、戦争の基本認識を述べた部分である。『孫子』については、すでに取り上げたとおり、戦争が国家の存亡や人の死生に直結する最重要事であるとされていた。一方、『孫臏兵法』の方も、戦争に勝てば、亡びかけた国や絶えかけた家を存続させることができるものの、戦争に敗れれば、領土を削られ、社稷の存立が危うくなると説いている。『孫子』が述べた基本認識を、『孫臏兵法』はより多くのことばを使って説明していると言えるであろう。

各論についても同様である。たとえば、『孫子』に特徴的に見られた「用衆」の問題や「気」

「勢」の思想も、やはり『孫臏兵法』の特質として見えている。「孫氏の道」は確かに継承されていたのである。

戦争の起源と正当性

ただ、『孫臏兵法』には、戦国中期の時代状況を反映してか、深化・発展を遂げていると思われる部分も存在する。

中国の戦争形態は、春秋時代末の呉越戦争で大きな変革を遂げたが、その後、戦国時代も中期になると、さらに大きく変貌した。戦争の主要目的は、敵の戦略的拠点を奪取するにとどまらず、露骨な領土の拡大や他国の併呑へと移っていった。また、強国間での「合縦《がっしょう》」「連衡《れんこう》」などによる、複雑な情勢が現れた。主要兵科としては、歩兵と騎兵が完全に戦車に取って代わり、機動性を増した軍隊の進撃距離はのびて、戦争の地理的範囲が一気に拡大した。最大動員兵力数も数十万から百万へと増加。戦闘期間も長期化した。新たな戦術が創出され、殺傷力の高い新兵器も開発された。戦闘による戦

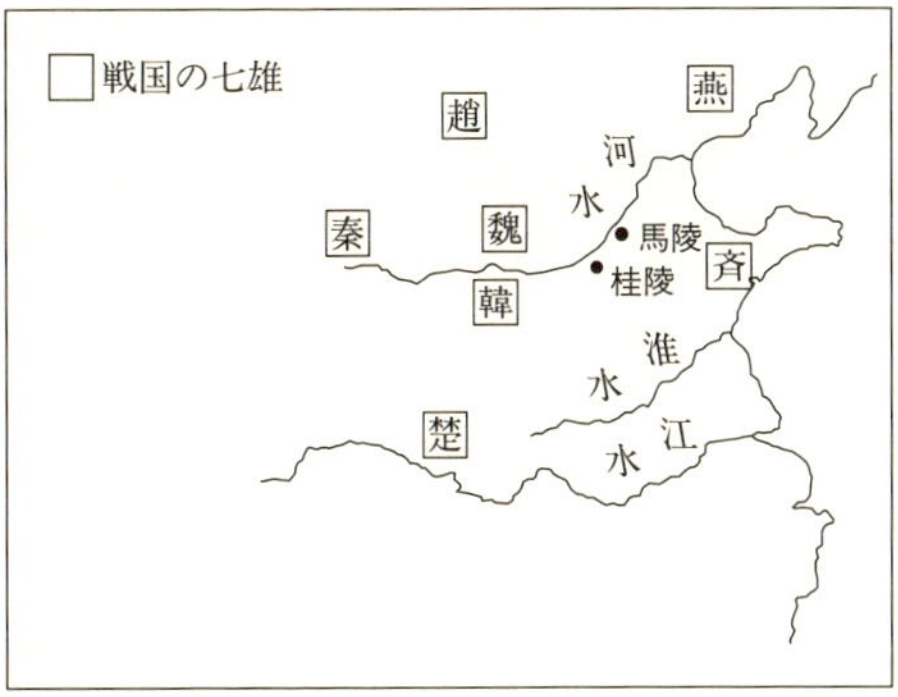

戦国時代地図

力消耗も激しくなり、紀元前二六二年、秦と趙《ちょう》が戦った長平《ちょうへい》の戦いでは、趙側に四十万人以上の戦死者が出たという。

こうした情勢の変化を受けて、そもそも戦争を行うこと自体の正当性が問われることとなったのは当然である。そこで、『孫臏兵法』は、戦争の正当性の問題を、人間の本性（闘争心）との関係から次のように論じている。

歯を含み角《つの》を戴《いただ》き、爪を前にし距《けづめ》を後にするも、喜びて合い、怒りて闘うは、天の道なり、止《や》むべからざるなり。故に天兵《てんぺい》無き者は自《みずか》ら備えを為す。聖人の事なり。（勢備篇）

人間の喜びや怒りといった感情が闘争を生み出すのであり、それは、「天の道（自然の道理）」である。猛獣のような攻撃・防御機能を先天的に持たない人間のために、「聖人」が武器を創作して軍備をなすのは当然である。『孫臏兵法』はこのように述べ、黄帝《こうてい》が剣を創作し、羿《げい》が弓を発明し、禹《う》が舟・車を作ったなどは皆それであるという。こうした正当化の論理は、確かに、『孫臏兵法』の特質であると言えよう。

また、『孫臏兵法』で、より深化している点として、勝敗の原因分析がある。

恒《つね》に勝つに五有り。主《しゅ》を得て専制すれば勝つ。道を知れば勝つ。衆を得れば勝つ。左右和すれば勝つ。敵を量《はか》り険を計れば勝つ。恒に勝たざるに五有り。将を御すれば勝たず。道を知らざれば勝たず。将に乖《たが》わば勝たず。間《かん》を用いざれば勝たず。衆を得ざれば勝たず。（簒卒篇）

常勝のポイントには次の五つがある。君主の信任を得た将軍が全権をしっかり掌握していること、将軍が軍事に一貫する法則性を熟知していること、大衆の支持を得ていること、将軍の参謀が一致団結していること、敵の実情を探知し険しい地形などの情報に通じていること、この五つである。反対に、敗れる要因には次の五つがある。君主が軍隊の運用に介入し将軍をコントロールすること、軍事に一貫する法則性を知らないこと、将軍の指令を守らないこと、間諜を用いないこと、大衆の支持を得ないこと、この五つである。

ここでは、多くの戦争に共通する「勝」「敗」の要因が五つずつ列記されている。すでに、『孫子』でも、敗北に至る要因はさまざまな角度から説かれていた。たとえば、右に記された敗因のうち、「（君主が）将を御す」、つまり将軍に全権を委任したにもかかわらず君主が将軍の采配に介入しコントロールしようとするのは、軍隊における将軍の権威を失墜させ、また、指揮系統の混乱を招くもので、敗因となることが多い。いったん出軍したあとは君主の命にも従わないというのは、孫武の伝承にも見られたとおりである。

ただ、この『孫臏兵法』では、戦争そのものをさらに多角的に分析し、勝敗の法則を抽出・整理しようとする意識が濃厚である。この篇のほかにも、敗北の原因を追究する「兵失」篇、将軍の素質上の欠点を列挙する「将敗」篇、将軍の戦術を失敗させる種々の状況を三十二項目掲げる「将失」篇なども、こうした思考に基づく戦争分析であると言えよう。

これらは、確かに、戦国中期の時代状況を反映した思想的展開の跡であると考えられる。戦争の大規模化がもたらす衝撃に加えて、戦争や軍事的思考の記録・蓄積、さらには軍事による世界の再編を意識した「天下」的視野などが、こうした総合的な軍事思想の背景として想定できるであろう。

ただし、こうした軍事思想の展開は、単に時代状況の変化だけでは説明がつかない。気の思想や勢の思想の展開、戦争分析の格段の進展などには、斉の軍事的伝統の関与も推測されるからである。

斉の伝統

周の文王は、軍師を探していた。渭水《いすい》でつりをしていた呂尚《りょしょう》（号は太公望《たいこうぼう》）を見いだし、その人物に感激して、「吾が太公、子《し》を望むこと久し」と叫んだ。つり好きの人を「太公望」と呼ぶようになるのはこの故事にちなむ。呂尚は周の文王の師をつとめ、兵法家として名をあげ、その功績により斉に封《ほう》ぜられた。今の山東省に位置する斉は、この太公望呂尚に起源を発する国であり、春秋時代の桓公のときに覇者となった。こうした尚武の伝統が『孫臏兵法』の形成に一定の役割を果たしていることは充分に考えられる。

また、軍事的伝統に加え、斉の文化的環境も、『孫臏兵法』との関わりで注目される。それは、「稷下《しょっか》の学」として知られる斉の学問的伝統である。戦国中期の威王は、淳于髡《じゅんうこん》に政治の怠慢を諫められ、にわかに発奮。内政を充実させ富国強兵につとめ、桂陵《けいりょう》の戦い、馬陵の戦いで強敵魏国に勝利を収めた。一方、この威王と宣王《せんおう》の時代は、数千人の食客を擁して、議論・著述に専念させるという「稷下の学」の隆盛期でもあった。淳于髡をはじめ、鄒衍《すうえん》・慎到《しんとう》・田駢《でんぺん》・孟子・荀子など、著名な学者が稷下の学士として名を連ねている。

太公望呂尚（『歴代古人像賛』）

こうした文化的環境も、兵書の形成の背景として重要であろう。特に、「孫臏は勢を貴ぶ」（『呂氏春秋』慎勢《しんせい》篇）と評される『孫臏兵法』の「勢」の思想は、『孫子』の思想の継承という観点からだけではなく、斉との関係という点からも重要である。

何を以て弓弩《きゅうど》の勢為《た》るを知るや。肩膺《けんよう》の間に発して、

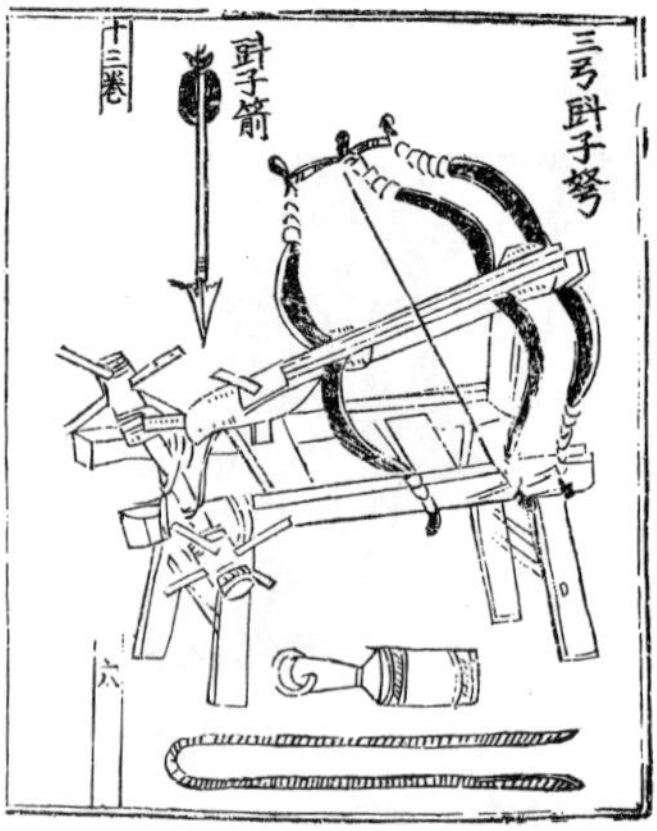

右：弩（『武経総要』）
左：弩を引く兵士（『武備志』）

人を百歩の外に殺し、其の道《よ》りて至る所を識《し》らず。故に曰く、弓弩は勢なりと。（勢備篇）

ここでは、「弓弩」をたとえとして「勢」の重要性を説いている。「弩」とは機械じかけで射る強い弓のことで、通常の「弓」に比べて大きな力を要するが、射程距離や殺傷力の点で弓よりはるかにすぐれている。『孫子』も「勢」を「弩」でたとえてはいるが、『孫臏兵法』では、「百歩の外」に殺すという弩の射程距離の大きさや、「道りて至る所を識らず」という弾道のとらえにくさなどのイメージを伝えようとしている。

「勢」の思想と言えば、慎到が連想される。稷下の学士慎到は、官僚体制の円滑な運営や君主権強化という観点から「勢」の重要性を強調した。それはやがて『韓非子』の思想に取り込まれ、「権勢」としての意味が強化されることとなったが、いずれにしても、斉に「勢」の思想の伝統があったことが推測される。あるいは、法家における「勢」の思想は、軍事における「勢」の思想に由来するのかもしれない。

「纂卒」の思想

ところで、今一つ、『孫臏兵法』と斉との重要な関わりを想定できるのが、「纂卒《さんそつ》」の思想である。「纂卒」とは「卒を纂《えら》ぶ」と読み、「纂卒」篇では、士卒の選抜が、勝利の最重要の条件として重視されている。そこで思い出されるのは、『呉子』の「武卒」である。呉起によって創案された「武卒」も士卒選抜の思想であり、魏の軍容の特色ともなっていた。

それでは、呉起の「武卒」と、この孫臏の「纂卒」とは、どう違うのであろうか。そこでまず、『荀子』議兵篇に見える戦国時代の斉の軍容の特徴を掲げてみよう。

> 斉人は技撃を隆《たっと》ぶ。其の技たるや、一首を得れば則ち贖《あがない》の錙金《しきん》を賜《たま》いて本賞無し。……是れ亡国の兵なり。

この「技撃」とは、戦闘技術にすぐれた特別部隊兵士のことである。もっとも『荀子』は、この「技撃」が、敵の首級の獲得状況に応じて臨時的な褒賞を与えられるという、きわめて功利的な、かつ不安定な基盤の上に形成されていると分析する。そして、これを傭兵だのみの「亡国の兵」と批判した上で、斉の「技撃」は魏の「武卒」にはかなわない、と批評するのである。

では、斉の「技撃」は魏の「武卒」とどのような点が異なるのであろうか。そこで、注目されるのは、『孫臏兵法』に見える多彩な戦術である。孫臏は将軍田忌との問答の中で、次のような戦術を提起している。

吾将《われまさ》に之に疑を示さんとす。……吾将に之に事を知らざることを示さんとす。（擒龐涓篇）

軽車をして西のかた梁郊《りょうこう》に馳《は》せしめ、以て其の気を怒《いか》らせん。卒を分かちて之に従い、之に寡《すく》なきを示せ。（同前）

これは、『孫子』流の「詭道《きどう》」を具体化したものである。わざと、自軍が疑い迷っているように、また、事情にうといように見せかけよ。わざと、敵を怒らせ、また、自軍の兵力が少ないように見せかけよ。こうした詭道の数々は『孫子』に基づくものであろう。

ただ、『孫臏兵法』には、このほか、「賛師《さんし》（わざと隊列を乱して敵を油断させる）」「譲威《じょうい》（部隊の最後尾を隠して撤退を容易にする）」「錐行《すいこう》（錐のような鋭い布陣）」「雁行《がんこう》（雁の列のように展開した布陣）」「選卒力士《せんそつりきし》（選抜された有力兵士の部隊）」などといった、陣法・戦術に関する多くの用語が登場する。さらに、陣法について専論した「陳忌問塁」篇・「八陣」篇・「十陣」篇、攻城戦のための城の地形上の特色を論じた「雄牝城《ゆうひんじょう》」篇などもある。

このことは、孫臏のすぐれた軍事的知識や分析能力を示すとともに、戦国中期における戦争形態が多様化したことをも示唆しているであろう。車兵に代わって歩兵・騎兵が主要兵科となったことから、軍隊の機動力は格段に向上し、新たな陣法・戦術が勝敗の帰趨を握ることとなったのである。

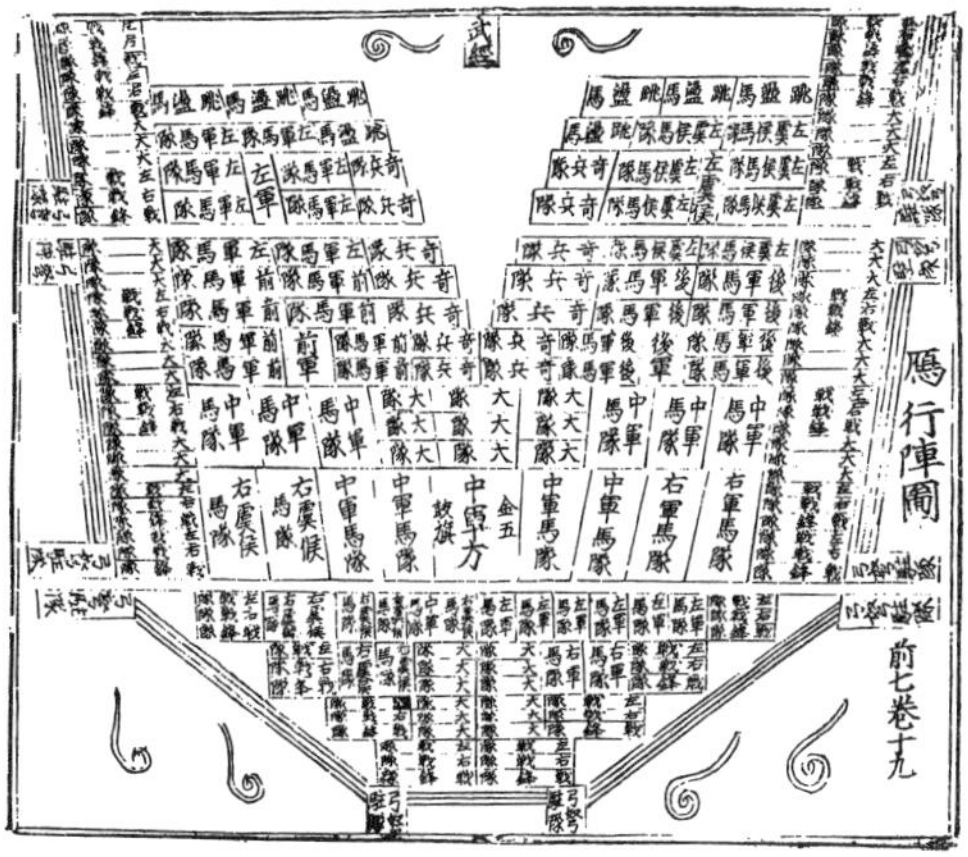

雁行の陣（『武経総要』）

そこで、『孫臏兵法』は、この多様な陣法・戦術に対応すべく、士卒集団の性格を大きく二つに分けて考えている。一つは敵陣を突破して敵将を捕獲しうるような優秀な「篡卒力士」であり、もう一つは一般の兵士で構成された「衆卒《しゅうそつ》」である。孫臏はこの両者を明確に区別した上で、英明な君主や将軍は、数が多いだけの「衆卒」を頼りにしたりはしないと説くのである。

では、この「簒卒力士」を奮闘させる原動力は何であろうか。それは、死の恐怖をも忘れさせてしまうほどの「賞罰」であった。もっとも、軍事行動における賞罰の重要性は、すでに『孫子』や『呉子』においても指摘されている。しかし、『孫臏兵法』における賞罰の重視は、その「簒卒」の思想と関連する点に特色がある。賞罰は「簒卒力士」の決死の奮戦を保証するために特に重視されたのである。

『呉子』の「武卒」は、辺境の土地開発・免税措置といった長期的施策と一体化している点に最大の特色が見られた。それは、後の商鞅変法において国家的規模で恒常的に施行された「農戦体制」の先駆的存在とも考えられた。これに対して、この『孫臏兵法』の「簒卒」は、そうした農地開発やそれにともなう免税措置といった特別待遇を基盤とする軍隊ではない。多様化した戦争形態に対応するため、戦闘技術・勇力にすぐれた者を、その時々の手厚い恩賞によって保証した特別部隊なのである。

そして、こうした「簒卒」の主張は、『荀子』議兵篇の指摘する斉の軍容の特徴とも符合する。この点も、先の「勢」の思想とともに、『孫臏兵法』と斉との密接な関係を示唆しているであろう。

このように、『孫臏兵法』は、基本的には『孫子』の軍事思想を継承しながらも、戦争の起源や正当性に関する思索、戦争の勝敗の法則の分析など、戦国中期の時代状況を反映して、深化・発展を遂げていると思われる要素も含んでいる。また、そこには斉国の特殊事情も関与していた。

孫臏が軍師として活躍した斉国は、桂陵の戦い、馬陵の戦いで、それまで強勢を誇ってきた魏国に大勝し、一躍軍事強国として台頭するに至る。その後、前二八八年には、この斉と秦とが「東帝」「西帝」を称するという未曾有の事態も出現した。孫臏の軍事思想は、こうした中国世界の再編状況と斉の軍事的・文化的伝統を背景に形成されたのである。

3 『尉繚子』――富国強兵への道

二つの評価と銀雀山漢墓竹簡の発見

戦国時代の尉繚《うつりょう》の著とされる『尉繚子』は、宋の元豊《げんぽう》年間（一〇七八〜一〇八五）、『孫子』『呉子』などとともに「武経七書《ぶけいしちしょ》」に編入され、古代兵書としての地位を確立した。ところが不思議なことに、『尉繚子』に対しては、賛否まったく異なる二つの評価が並立することとなった。

一つは、高い評価である。『尉繚子』の文章には、夏《か》・殷《いん》・周《しゅう》三代の遺風があり、戦争を説きながらも、罪なき城や人を攻めないという仁の心がうかがえるというものである。

一方、厳しい見方もある。『尉繚子』の内容は雑駁かつ冷酷で、文章も古代のものとは思えず、後世の偽書である可能性が高いというものである。

こうした疑念の背景には、『漢書』芸文志の記載と現行本との関係、および尉繚子の伝承に関わる問題がある。『漢書』芸文志には、「兵書略」の「兵形勢家」として『尉繚三十一篇』と記される一方、「諸子略」の「雑家類」にも『尉繚二十九篇』と同名の書が記録されている。また、『尉繚子』が「武経七書」に編入された宋代以後は、もっぱら「兵書」に分類され、現在に至っている。

このように、『尉繚子』は、『漢書』芸文志に著録された「雑家」「兵家」の二種の文献がその後どのように継承されてきたのか、また、現行本の二十四篇という篇数が『漢書』芸文志記載の三十一篇や二十九篇とどのような関係にあるのか、といった点に謎を残しているのである。

また、その著者とされる尉繚子についても、同じような疑念がある。『史記』秦始皇本紀の記載によれば、尉繚と称する人物は、戦国時代最末期の秦に赴き、秦王政《せい》（のちの始皇帝）に仕えたとされており、尉繚が商鞅《しょうおう》の学をおさめたという伝承も、尉繚子と秦との関係を想起させる。しかし一方、現行本『尉繚子』の記載によれば、尉繚子は、戦国中期、魏（梁《りょう》）の恵王《けいおう》に仕えた人物とされており、その時間的な差は百年近くになる。そこで、これを同一人物ととらえてよいのか、まったく異なる同名の二人の人物がいたと考えるべきなのか、という大きな疑問が生ずるのである。このような、文献・人物両面にまつわる疑義が、『尉繚子』偽書説を形成していく根本的な要因になったと思われる。

ところが、この半ば定説となっていた『尉繚子』偽書説は、銀雀山漢墓竹簡の発見によって、根底から見直しを迫られることとなった。一九七二年、山東省臨沂県銀雀山漢墓から出土した竹簡群の中に、現行本『尉繚子』の一部とほぼ同内容の文献が含まれていたのである。これにより、『尉繚子』を漢代以降の偽書とする説は成立し難い状況となった。『孫子』『孫臏兵法』と同じく、この『尉繚子』についても、その思想内容を解明する道が拓けたのである。

『尉繚子』の成立時期

それでは、『尉繚子』はおおよそいつ頃に成立した兵書なのであろうか。まず、『尉繚子』を通読して気づくのは、その基本的構成である。竹簡本・現行本とも、『尉繚子』は、戦国時代中期の魏(梁)における君臣の対話という設定がなされている。君とは魏(梁)の恵王、臣とは尉繚子である。

また、成立の上限を示すものとして、呉起の顕彰がある。『尉繚子』は、孫武と並べて呉起の活躍を賞賛し、特に、士卒と起居をともにし、軍令違反に厳格に対処する呉起の態度を評価する。

これらによれば、『尉繚子』成立の上限は、呉起が活躍した戦国時代前期(魏の文侯・武侯、楚の悼王《とうおう》の時代)以降ということになる。また、呉起の活躍が鮮明に描かれる一方、呉起以後の時代を反映する固有名詞がまったく登場しない点を考慮すれば、呉起の活躍した時代からそう遠くない期間を、その成立時期と予測しておくのが妥当であろう。

では、『尉繚子』の示す戦争形態は、どのような時代状況に合致するであろうか。まず、『尉繚子』の中に見える動員兵力数は、おおむね数万から十万程度、最高でも二十万である。中国古代において、文献に記される動員兵力数の上限は、春秋末から戦国初期が数万から十数万、戦国中期が十万から二十万、戦国末期が三、四十万から百万である。これによれば、数万から二十万余という『尉繚子』の兵力数は、おおよそ戦国時代前期から中期の戦争規模に相当する。

次に、『尉繚子』の内容上の特色の一つになっている「援兵」もその手がかりとなる。『尉繚子』は、しばしば他国からの援軍について説いているが、同時に、その士気や迅速性・誠実さなどに信頼が置けないと嘆いてもいる。

これは、天下全体を視野に収めた上で、他国との連合、援軍の派遣、詭策による離反などが通常化した時期を反映していると言えるであろう。むろん、他国との同盟による戦争は、すでに春秋時代前期から見えるわけであるが、こうした状況が通常化してくるのは、縦横家《しょうおうか》や弁者の活動とも相まって、戦争が一気に複雑化・大規模化してくる、戦国中期以降である。

最後に、軍隊構成はどうであろうか。現行本『尉繚子』には、残念ながら、軍隊構成を示す資料は見当たらない。ただし、出土した竹簡本には、次の一節が見える。

得帯甲十万、□車千乗、兵絶険逾垠。　（現行本の「兵談」篇に相当する部分の一節）

これによれば、歩兵十万に対して戦車千乗、その比率は百対一。そして、騎兵は見当たらない。戦国末の秦の軍隊が、「帯甲百余万、車千乗、騎万匹」（『史記』張儀《ちょうぎ》列伝）、楚の軍隊が「帯甲百万、車千乗、騎万匹」（『戦国策』楚二）などと記されるように、戦国後期における大国の軍隊構成は、通常、歩兵千に対して戦車一の比率、戦車一に対して騎兵十の割合である。つまり、それ以前に比べて相対的に戦車の比率が低下する一方、重要な兵科として騎兵が重視されたことが分かる。この点から一応の判断を下せば、『尉繚子』の示す戦争形態は、少なくとも戦国時代後期の状況には該当しない。

これら種々の点から見て、『尉繚子』の成立としてもっともふさわしい時期はいつ頃であろうか。これらの条件をほぼ満たす時期としては、戦国時代の中期をあげることができよう。それは、戦国中期の魏における君臣の対話という『尉繚子』の基本的設定に合致し、また、呉起の言動を特筆するという固有名詞の問題にも適合する。さらに、戦国前・中期の状況に相当する動員兵力数、戦国中期以降の状況を示す援兵の問題、戦国中期以前の状況に相当する軍隊構成など、『尉繚子』の示す戦争形態も、その成立を戦国中期と考えることによって、初めて矛盾なく理解することができる。

それでは、こうした時期に成立したと推定される『尉繚子』の特色とは、どのようなものであろうか。

『尉繚子』の軍事思想

まず、これまでに検討してきた兵書との類似点に注目してみたい。『孫子』『呉子』『孫臏兵法』は、いずれも入念な情報収集と分析に基づき、開戦の是非を慎重に決断しようとしていた。それは、戦争が国家の興亡や人間の死生に直結する重大事と考えられたからである。『孫子』の「廟《びょう》算《さん》」や「五事七計」はそれを象徴することばであった。この点は『尉繚子』もまったく同様である。

兵は凶器なり。争は逆徳《げきとく》なり。将は死官なり。故に已《や》むを得ずして之を用う。（武議篇）

戦争は凶悪の器であり、本来、道理にそむく危険な力である。戦闘を指揮する将軍も死を免れぬ官である。だから、戦争とはやむを得ずして行うのである。「廟勝《びょうしょう》の論」（戦威篇）とか、「兵は朝廷に勝つ有り」（攻権篇）とか、「敵を権《はか》り将を審《つまび》らかにして後に兵を挙ぐ」（同前）などのことばが示すとおり、こうした慎重な態度は、『尉繚子』全体の基本的な性格をなしている。

第二に、『孫子』『孫臏兵法』に見られた「詭道《きどう》」「謀攻《ぼうこう》」の重視はどうであろうか。『尉繚子』においても、「守は外飾に在り」（十二陵篇）とか、「攻は意表に在り」（同前）などとされている。守勢に回ったときには、敵の目をくらますような偽装が肝心であり、攻撃の際には、敵の意表を衝くことが大事である。守備・攻撃とも、奇策・計謀の重要性が説かれている。

第三に、これに関連して、『孫子』では、戦力の消耗を最小限にとどめた「不戦」の勝利が重視されていたが、廟算を重視する『尉繚子』においてもそれは当然であった。「甲を暴《さら》さずして勝つ」(兵談篇)、つまり武力を行使する前に決着をつけるのが最上の勝利であるというのである。それは、国内政策の充実や圧倒的な軍事力の保有、詭道・謀攻の活用などによる勝利を意味する。

第四に、『孫子』では、興軍による経済的損失への憂慮から短期決戦・先制攻撃が重視されていたが、『尉繚子』もまったく同様で、特に、長期にわたる攻城戦を厳しく否定している。城を枕に討ち死にの覚悟を決めた敵の士気は、通常の百倍に達するが、攻める側の士気は半減する。城攻めには、長い時間と多大の兵力損失をともなうからである。

第五として、将軍論はどうであろうか。これについては、『孫子』『呉子』『孫臏兵法』とも、君主権力の介入を否定して、将軍の権威の確立が大切であると説いていた。『尉繚子』も同じく、何者にも制約されない将軍の絶対的な権威が必要であるとし、特に呉起を将軍の理想像として掲げている。

第六に、情報収集の必要性について、『尉繚子』には、『孫子』に見えるような「用間」についての篇や、『孫臏兵法』に見えるような地形観察とそれにともなう戦術の選択などの議論は見当たらない。しかし、情報収集の場として「市《いち》」を指摘する点が注目される。さまざまな人が行き交い、さまざまな情報が出入りする「市場」は、軍事情報の収集、あるいは流失という観点から重要だからである。

第七に、輜重《しちょう》・食糧など軍事における物質的基盤について、『尉繚子』は、『孫子』などと同じく、この点をきわめて重視している。戦争は単に精神力だけでは勝てないからである。特に、「踵《しょう》軍令《ぐんれい》」篇では、主力部隊を後方にあって支援する「踵軍」と、主力部隊に先行して作戦準備に当たる「興軍《こうぐん》」とについて論述する。

第八に、『孫子』『孫臏兵法』に見られた「勢」の思想、「気」の思想はどうであろうか。これについて『尉繚子』では、「勢」の思想の直接的な表現は見当たらないが、「千人」「万人」という集団の力の機動的な投入が敵を圧倒すると説いている（戦権篇）。これは事実上、「勢」の思想を敷衍するものであろう。

また、「気」についていては、士気の高揚・維持という観点から、かなりの言及がなされている。『尉繚子』で特徴的なのは、「気を傷つくれば軍を敗る」（兵教下篇）とか、「気奪わるれば則ち走る」（戦威篇）などのように、「気」を、意図的に傷つけ奪いうるもの、見方を変えれば、敵によって傷つけられ奪われるものとして説いている。つまり、『尉繚子』における「気」は、敵味方による攻防の対象物として、さらなる重要性を帯びているのである。

第九に、士卒の動員や選抜に関する思考はどうであろうか。士卒動員の思考は、『孫子』の精華であり、『呉子』や『孫臏兵法』には、士卒の選抜に関する特徴的な思索が見られた。『尉繚子』も、士卒の動員に関して多くを語っているが、特徴的なのは、きわめて厳格な重刑主義が採られていることである。誅殺《ちゅうさつ》はけじめをつける有効な手段である。一人を殺して全軍が震え上がるような効果があれば、逡巡《しゅんじゅん》せずに誅殺せよという。

第十として、呪術的思考についての態度はどうであろうか。『孫子』『呉子』『孫臏兵法』とも、「人事」の中に勝敗の法則を追求し、神秘的な内容は含んでいなかった。戦争を神頼みにしない点が、これらの兵書の価値を高めていたと言える。こうした性格は『尉繚子』も同様であるが、さらに、『尉繚子』では、呪術的な兵法を厳しくかつ執拗に批判する点に特徴がある。

> 武王、士民を罷《つか》らさず、兵刃《へいじん》に血ぬらずして商に克《か》ち紂《ちゅう》を誅す。祥異《しょうい》無きなり。人事の修《おさ》まると修まらざるとにして然《しか》るなり。今の世の将は、孤虚《こきょ》を考え咸池《かんち》を占い、亀兆《きちょう》を合わせて吉凶を視《み》、星辰《せいしん》風雲の変を観《み》て、以て勝を成し功を立てんと欲す。臣以て難《かた》しと為す。夫《そ》れ将なる者は、上は天に制せられず、下は地に制せられず、中は人に制せられず。（武議篇）

周の武王は、兵卒を疲れさせることなく、また、刃《やいば》を血で染めるような激闘をせずに、殷に勝利し、紂王を誅した。ここには、いっさいの不思議はなく、周が勝って殷が敗れたのは、すべて人為的努力があったかなかったかによるのである。

ところが、今の世を見渡せば、将軍たちは、「天官・時日・陰陽・向背《こうはい》」などの迷信を信じ、「祥異（めでたいきざし）」の有無に勝敗を委ね、「亀兆」によって「吉凶」を判断し、天体や風雲の変化によって勝ちを得ようとしている。これらは、「人事」的努力を放棄し、責任を他に転嫁しようとするものである。こうした無責任な将軍たちを『尉繚子』は厳しく批判し、勝つも負けるもすべては「人事」であると強調するのである。

最後に、第十一として、挙兵の判断基準に関する思索を取り上げる。『孫子』は、挙兵の是非を「五事七計」による「廟算」に求め、「利」に合致するか否かが挙兵の判断基準であるとした。『尉繚子』もまったく同様で、君主や将軍の私的な怨恨などを理由として挙兵してはならないと説く。冷静に、勝てるかどうかを分析し、それを唯一の判断基準にすべきであると言うのである。怒りや恨み、思いこみは、しばしば判断の鏡をくもらせるからである。さらに注目されるのは、敵国の「変」「病」という混乱や内輪もめに乗じて挙兵せよと説いていることである。きわめて冷静で功利的な発想に貫かれていることが分かる。

富国強兵の思想

以上、さまざまな観点から、『尉繚子』の特色について考えてきた。これにより、『尉繚子』は、

『孫子』『呉子』『孫臏兵法』などに見られた軍事思想をほぼ継承していることが了解されたであろう。

しかし一方で、『尉繚子』には、従来の兵学を飛躍的に展開させたと思われる側面もある。それは、秦の商鞅変法を髣髴とさせる富国強兵的思考である。

商鞅は、秦の孝公の前で、重臣たちを批判した。現実に即した改革を実現せよ。貴族優遇の爵制を、軍事的功績によって一本化せよ、と。そこには、古き時代への思慕はない。保守派の重臣たちが、古《いにしえ》のやり方に固執するのとは対照的である。

同様に、『尉繚子』も、「号令」「刑賞」を明らかにして民を統制しようと考える。農業に従事しなければ食を得ることはできず、戦闘に従事しなければ爵は得られない、という「農戦」体制の主張である。

吾が号令を修め、吾が刑賞を明らかにし、天下をして農に非ずんば食を得る所無く、戦に非ずんば爵を得る所無からしめ、民をして臂《ひじ》を揚《あ》げ争い出て農戦せしめば、而《すなわ》ち天下に敵無し。（制談篇）

つまり、『尉繚子』と商鞅はともに、人為的努力による富国強兵を目指し、民を農耕と戦闘とに専念させる農戦体制の確立を提唱しているのである。

そこで、民（すなわち戦闘員）をどのようにして動員・操作するかという規定においても、両者は、多くの共通点を持つこととなった。それは、什伍《じゅうご》制・連坐《れんざ》制・姦事密告《かんじみっこく》制などの提起である。

『尉繚子』は、組織の最小単位として「伍（五人組）」を編成し、その行動を「伍」内の人間の相互監視によって統制しようとする。また、ある構成員が軍令に違犯した場合、他の構成員も同罪とし、戦場で、「伍」の仲間を失ったにもかかわらず、敵の首級を獲得できなかった場合には、極刑に処するという。さらに相互監視と姦事（不正）の密告を強要し、他人の罪を知っていながら、見て見ぬふりをした場合には、その人間も同罪にすべきであると主張する。

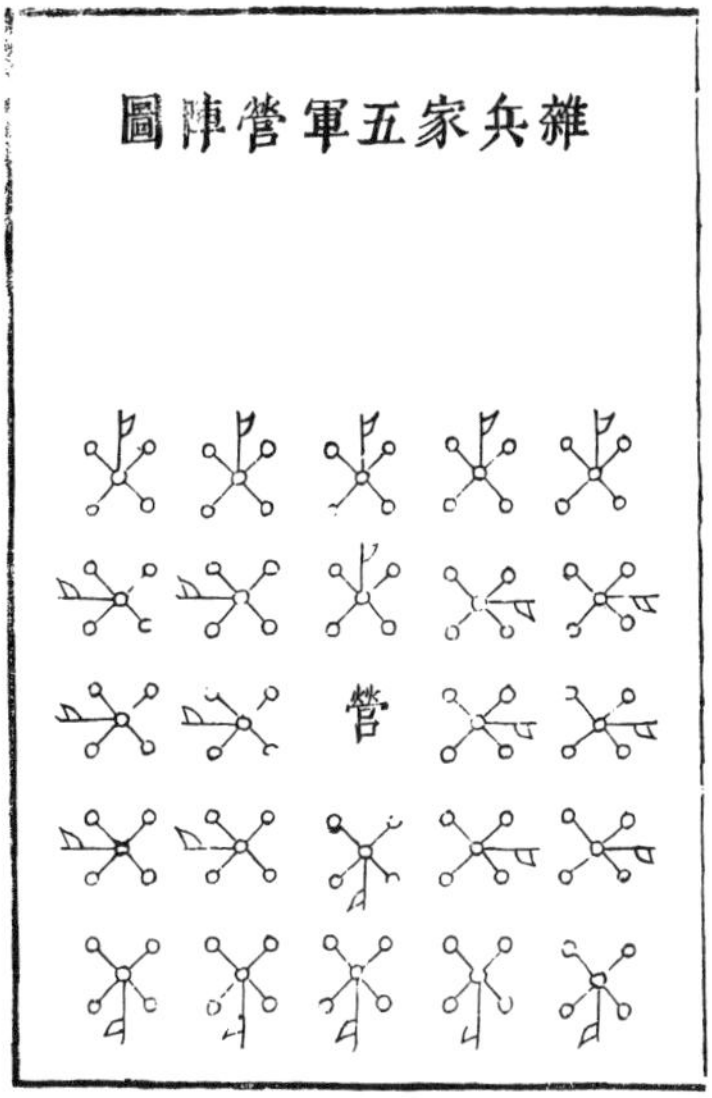

「伍」を単位とした陣（『武備志』）

こうした制度は、すでに春秋時代にも見えていて、戦国期では、程度の差こそあれ、富国強兵を目指すほぼすべての国に受容されていったのではないかと考えられる。しかし、その中で、突出する大きな成果をあげ、さらに、国家の恒常的体制として整備されるに至ったものとしては、やはり、秦の商鞅変法をあげるべきであろう。その特質は、やはり什伍制・連坐制・姦事密告制にあった。すなわち、『尉繚子』と商鞅変法とは、こうした厳刑重罰の制度を背景とする富国強兵策という点においても、みごとに一致するのである。

しかし、両者の富国強兵思想には、また次のような相違点も見られる。商鞅変法の主眼とする農戦体制とは、厳格な法令を駆使して、すべての民を農耕と戦闘とに専念させようとする一元的な施策である。ここで、商鞅が想定しているのは、基本的には農業立国であり、またその富国策の中心も、農業の振興である。こうした農戦体制の重視は、右のように、『尉繚子』においても同様であった。

ただ、『尉繚子』の考える富国策は、商鞅変法とはやや異なっていて、「農」と「賈《こ》（商）」とは対等の関係に置かれている。また、これに関連して、「市」の開設によって物資や人間の交流を促し、富の蓄積を図ると同時に、内外の情報を収集しようとする点なども、商鞅との相違点である。商鞅は、外部の情報を遮断して、民の精神を専一にし、農耕に専念させようとしていた。

もっとも、商鞅の側の議論は、民をどのようにして農業に専念させ生産性を上げるかという文脈の中で説かれており、これにより、商鞅が国家経済全体における商工業を軽視していたと考えるのは誤りである。また、『尉繚子』でも、民の本業はあくまでも「農」であるとされ、農業への専念が生産力の増大をもたらすと考えられていた。しかし、これらの点を考慮してもやはり、『尉繚子』

の富国策は、商鞅変法とはやや性格を異にしているようである。

いずれにしても、『尉繚子』と商鞅の変法が富国強兵という点で類似するのは、重要である。こうした富国強兵思想の萌芽はすでに春秋時代においても存在した。そこでは、個々の戦争の勝利が、その時々の戦術や兵力数のみによって決まるのではなく、政治・経済全般にわたる長期的な国家改革によって保証されるとの意識が急速に芽生えつつあった。そして、その思考を国家的施策として具体化し、強国化に成功したのが、いわゆる「春秋の五霸」である。また、『孫子』『呉子』『孫臏兵法』も、軍事的勝利が、国内諸制度の整備・改革に淵源することを充分に認識し、特に『呉子』図国篇は、そうした認識を呉起自らの実践活動を背景に専論している。しかしながら、それらはあくまで、主題である軍事の背景として唱えられたものであり、商鞅変法のように富国強兵思想を前面に押し出すものではなかった。これに対して『尉繚子』は、そうした意味での従来の兵学を大きく一歩踏み越えて、富国強兵思想を主題として力説するとともに、商鞅変法にも類似する具体的諸施策をその軍事思想の中に位置づけようとしたのである。

4 『司馬法』——文と武の併用

司馬の軍礼

『司馬法《しばほう》』は、中国古代を代表する兵書として、「武経七書」の一つに数え上げられる。かつてこの書を読んだ司馬遷は、その内容がきわめて深遠であると絶賛した（『史記』司馬穰苴伝）。司馬とは、古代における五礼の一つ「軍礼」を司る官職名である。この兵書は、春秋時代の斉《せい》の景公《けいこう》に仕えた将軍司馬穰苴《しばじょうしょ》の兵法を伝えるものとされている。ただ、異説もある。戦国時代中期の斉の威《い》王《おう》の命により、臣下たちが古来の司馬の兵法に司馬穰苴の兵法を加えて編集したもの、というのがそれであり、はっきりしたことは分からない。

しかし、前漢の劉向《りゅうきょう》の『説苑《ぜいえん》』には、『司馬法』を代表することばとして、次の二つが紹介されている。

司馬法に曰く、国大なりと雖《いえど》も、戦いを好めば必ず亡び、天下安しと雖も、戦いを忘るれば必ず危《あやう》し。（『説苑』指武篇）

司馬法に曰く、国容《こくよう》は軍に入らず、軍容《ぐんよう》は国に入らざるなり。何ぞ疑うこと有らんや。（同前）

このことは、前漢時代において、すでにこの二句が『司馬法』を代表することばと意識されていたことを示しているであろう。

では、『司馬法』の兵学思想としての特色は、どのような点にあったのであろうか。今に伝わる『司馬法』は、仁本《じんぽん》・天子之義《てんしのぎ》・定爵《ていしゃく》・厳位《げんい》・用衆《ようしゅう》の全五篇からなる。冒頭の「仁本」篇では、先王（王者）と賢王（覇者）とが対比的に取り上げられ、先王の治が絶賛される。偉大な王者は軍事力を行使しなくても、世界は自ずから平定されると言うのである。これは、『孟子』などにも見える王道政治の主張である。

「正」と「権」

ところが、『司馬法』の主張は、単なる王道の絶賛に終わるのではない。「仁本」篇では、先王についてて述べるのはこの一節だけであり、あとのほとんどは賢王（覇者）の解説に費やされている。

『司馬法』が単純な王者肯定を説いていないのは、『説苑』にも紹介された「国大なりと雖も、戦いを好めば必ず亡び、天下安しと雖も、戦いを忘るれば必ず危し」（仁本篇）ということばからも明らかであろう。たとえ巨大な国であっても、君主や将軍が戦《いくさ》好きではやがて滅びてしまう。また、天下が平和だからといって戦《いくさ》のことをすっかり忘れてしまうようでは必ず危機がおとずれるであろう。このように『司馬法』は「好戦」とともに「忘戦」をも否定している。

また、「仁本」篇では、仁義と兵の関係が「正」と「権」の関係として説かれている。

古《いにしえ》は、仁を以て本《もと》と為し、義を以て之《これ》を治む。之を正と謂う。正、意を獲《え》ざれば則ち権《けん》す。権は戦いに出《い》で、中人《ちゅうじん》より出でず。是《こ》の故に人を殺して人を安んぜば之を殺して可なり。其の国を攻めて其の民を愛せば之を攻めて可なり。戦《せん》を以て戦を止《や》めば戦うと雖も可なり。

（仁本篇）

古には、仁の心を政治の根本とし、義によって統治を進めた。これを国政の「正」なる状態という。ただ、どうしても「正」道で治まらない場合は、臨時の措置である「権」を発動する。「権」とは、もともと棒秤《ばかり》の重りの意である。棒の両端に重りと荷をぶらさげ、棒のバランスをとりながら重さをはかるのである。ここから「権」は、その時々の状況をにらみながらバランスをとるという意に転用された。儒教でも、一定普遍の原理を「経《けい》」、臨機応変の措置を「権」という。ここで言われる「権」とは、具体的には警察力・軍事力を使うことであり、これは君主のみに許された専権事項である。極悪非道の罪人を誅殺することによって天下の殺人がやむのなら、誅殺も一つの手段として許される。暴君の圧政に苦しむ他国を攻めて、結果的にその国の民を救うことができるのならば、他国への進攻もよい。戦争によって天下の戦乱状態を止めることができるのであれば、非常時の手段として行使してよい。

このように『司馬法』は、仁義に基づく常道「正」と軍事力を使う「権」とを対比する。そして、戦争を「正」に対する非常時の措置「権」として位置づけ、明確な正当化を図っているのである。

「国容」と「軍容」

『司馬法』では、こうして、「仁義」と「兵」とは、「正」と「権」として、一応の役割分担がなされたことになる。また、他の諸篇でも、二つの支配の原理が提示され、その使い分けの重要性が説かれる。まずは、『説苑』にも紹介されたことばである。

古は、国容は軍に入らず、軍容は国に入らず。（天子之義篇）

この「国容」と「軍容」の区別は、『司馬法』において繰り返し力説される最大の論点である。「国容」と「軍容」とは、各々、正常時（平時）の国内における原理と非常時（戦時）の軍内における原理とを意味している。『司馬法』は、この両者が明確に区別され相互に侵犯しない状態であれば、言動が義に合し、適材適所で人を使うことができると述べる。

また、この区分をさらに具体的に論ずるのが、次の一節である。

軍容国に入《い》れば、則ち民徳《みんとく》廃し、国容軍に入れば、則ち民徳弱し。（天子之義篇）

軍容が国容を犯した場合。これは軍隊での原理を国内の原理としてそのまま持ち込むわけであり、人々は戒厳令下の暮らしを強いられることとなり、民心は次第にすさんでいく。

一方、国容が軍容を犯した場合。これは平時の原理でそのまま軍隊を運用しようとするわけであるから、武勇をふるうべき時に軟弱な精神のままでよいとしていることになり、人々の心は弱体化していく。

また、『司馬法』は、「礼と法とは表裏なり。文と武とは左右なり」（天子之義篇）と言う。つまり、「国容」では「礼」「文」の原理、「軍容」では「法」「武」の原理を採るべきであるとし、さらに両者は表裏一体、相互扶助の関係にあるとするのである。国容が正であり、軍容が権であると言っても、『司馬法』は、決して軍容が国容より価値的に劣ると言っているわけではない。兵を「軍容」という場における一つの独立した原理として認めている。そこには、国容を犯してはならぬという場の制約はあるが、価値的な違いはほとんど見られない。『司馬法』の理想は、国容・軍容の両原理が相互に侵犯せず、表裏一体、相互扶助の関係にある状態と言えるであろう。

したがって、『司馬法』の主張は、仁義と兵とが並存しているという点で、一見矛盾しているようにも思えるが、それは、二つの原理の並存を説くという『司馬法』の特質そのものがもたらした現象であると言える。『司馬法』において、仁義と兵とは混在しているのではなく、国容・軍容という場を異にした二つの原理として、価値的に同等の重みを持って並存しているのである。

そして、こうした基本的性格は、その「王霸《おうは》」観にも反映している。人徳によって世界を統治する王者と、武力によって世界を圧倒する霸者との間に決定的な質的相違を指摘するのは『孟子』である。しかし、『司馬法』では、この両者は「王霸」として一括されている。

そもそも「王霸」ということばは、王と霸とをつなげた表現であり、両者の違いをそれほど明らかにしようとするものではない。『司馬法』は、「王霸」の統治手段として六つのものを列挙しているが、それは、土地・政令・礼信・材力《ざいりょく》・謀人《ぼうじん》・兵革《へいかく》の六つであり、この中には、政略・戦略を意味する「謀人」や武力行使を意味する「兵革」も含まれる。また、「王霸」の九つの討伐の仕方として、「眚《せい》」「伐《ばつ》」「壇《たん》」「削《さく》」「侵」「正」「残」「杜《と》」「滅」があげられている。この中には、敵国

（諸侯）の存続を認めない「残」や「滅」も含まれる。これらは、王霸の行為として一括して掲げられており、その間に王と霸との明確な区別は見られない。

これは、王者は武力を行使しないという『孟子』の王道観とは異なるもので、ここに、『司馬法』の特色があると言える。『司馬法』の理想とする王は、国容・軍容いずれの原理をも認めた上で、その両者を巧みに使い分けていく。つまり、その王は、ときに先王のごとく、またときに霸者のごとく天下を統括するのである。

儒家の戦争観

それでは、『司馬法』がこのような特色ある思想を説いたのはなぜであろうか。その理由を、儒家や法家の思想などとも比較しながら考えてみよう。

「国容」「軍容」というキーワードを使って儒家の戦争観を図式的にとらえれば、「国容」の原理が「軍容」の原理にも適用されている状態が理想ということになろう。

孟子は、天下を支配できるかどうかは、為政者の「仁」徳の有無によると主張する。仁政を行うことなく、力任せに戦争に走る諸侯を厳しく批判する。軍事力を行使せずに、なぜ他国を屈服させることができるのか。それは、仁政の施行がやがて小世界から中国世界全体へと広がって行き、その徳に感化されて、他国の民が自ずから帰服してくるからである。

そして、史書に記された古代の聖王の武力行使についても、『孟子』はそれを「大勇」と定義する。たとえば、文王・武王による武力の行使は、「匹夫《ひっぷ》の勇」や「小勇」ではなく、天下の民を安んずるための「大勇」であった。また、殷の湯王《とうおう》が桀《けつ》を伐ち、周の武王が紂《ちゅう》を伐ったのは事実であるが、それは、「残賊《ざんぞく》の人」「一夫」を誅したまでで、決して弑逆《しいぎゃく》ではないというのである。こうした『孟子』の戦争観は、「仁者に敵無し」（『孟子』梁恵王上篇）ということばに端的に表れている。

次に、荀子はどうであろうか。『荀子』議兵篇には、戦国諸国の軍隊の特徴が紹介されている。荀子は各国の軍隊を論評してそれぞれに批判を加え、「仁義を以て本《もと》と為す」戦争が理想であると説く。つまり、孟子と同じように、「王者の志」を持った「仁人の兵」だけが唯一正当であり、また、この「仁」の心を持つ軍隊には、他国の民が帰服してくるから、実際には武力を発動することなく、戦争は終息するのであるという。そして、「兵は詭道《きどう》」だとして戦争に明け暮れる戦国諸国を、荀子は厳しく批判するのである。

周の武王（『歴代古人像賛』）

また、徳が徐々に世界に拡延していくという考え方も、孟子と同様である。仁者の統治する国は小から大へ、近から遠へとその仁徳が波及し、世界は自ずから仁者の国に帰服してくるというのである。

このように、孟子・荀子にとっては、君主自身の修養や内政の充実が、外交・外征より価値的に勝り、また時間的にも優先する。孟子は、王者の仁徳は自ずから拡延していくと説き、また、荀子は、平時の政が「本」、有事の兵は「末」であり、仁義に基づく平時の政が有事における真の勝利をもたらすと主張した。

また、孟子や荀子は、内政における原理、つまり「仁」による統治という原理が、そのまま軍事的な勝利をも導くと考える。孟子は革命を認めるが、それはあくまで仁義に基づく武力の発動でなければならず、平時から独立した戦時における原理を別個に認めているわけではない。また、荀子も、平時と軍事とを連続的にとらえた上で、内政の原理がそのまま軍事的勝利をもたらすと主張する。これらは、『司馬法』との大きな相違点である。『司馬法』は、「国容」と「軍容」という二つの独立した原理を立て、それらが同等の重みを持って表裏一体の関係にあるべきだと主張した。

「文」と「武」をめぐる議論

次に、『司馬法』の思想を、法家思想や他の軍事思想と比較してみよう。秦の孝公の時代、二度の変法を断行し、秦を強国へと導いたのは商鞅である。その最大の特徴は、厳格な法律制度の施行によって平時と戦時とを連続化する「農戦」の主張にあった。この農戦の主張には、内における農業と外における戦闘という一応の区分は見られるが、それぞれの支配原理を峻別しようとする思考は見られない。「農」「戦」共に、厳格な法制によって相互の監視を義務づけ、民を常に戦時のような緊張状態に置くことにより、その強国・強兵化をはかるのである。

これは、内と外とを一応区別した上で、その一方の原理が他方にもそのまま適用されるとする点においては、孟子や荀子と類似する。しかし、その支配原理の方向性や価値観はまったく異なっている。つまり、孟子や荀子の立場から言えば、商鞅は本来「権」であるはずの戦時の原理を、そのまま平時の基本原理として導入したのである。このように、変法に見られる商鞅の姿勢は、戦時と平時とを法によって連続化する点に、その最大の特徴があったと言える。

では、これまで検討してきた『孫子』『呉子』『孫臏兵法』『尉繚子』などは、こうした支配原理の問題についてどのように考えているであろうか。

これらの兵書も、「文」「武」の使い分けについて、たとえば次のように述べている。

卒《そつ》未《いま》だ親附《しんぷ》せざるに而《しか》も之を罰すれば則《すなわ》ち服さず。服さざれば則ち用い難《がた》きなり。卒已《すで》に親附して而も罰行わざれば、則ち用いるべからざるなり。故に之を合《がっ》するに文を以てし、之を斉《ととの》うるに武を以てす。

(『孫子』行軍篇)

士卒がまだ充分に心服していないときに厳罰をもって臨むと、士卒はますます言うことを聴かなくなる。士卒が心服していなければ用兵はままならない。逆に、士卒が充分に心服したあとであれば、軍令違反の者への厳しい処罰も当然のこととして受け入れられる。それにもかかわらず、厳罰を下さなければ、士卒は将軍を侮り、これまた用兵はむずかしくなる。だから、士卒の心をまとめ上げるときにはまず「文」を、まとめ上げた軍隊を厳しく統御していくときには「武」をもってするのである。

ここで言う文と武とは、いわば飴と鞭の関係である。これらをうまく併用せよと『孫子』は言うのであるが、これは本来の戦闘員ではない民を、どのように統制するかという視点から説かれたものであり、『司馬法』の言うような国家の基本的な支配の原理として説かれたものではない。『孫子』はこれらをあくまで「兵」の内部における使い分けと考えている。『呉子』や『尉繚子』も同様で、やはり「兵」の内部に限定して、士卒操縦術としての「文」「武」併用を説いている。

もっとも、『孫子』『尉繚子』『孫臏兵法』とも、直接的な軍事行動に至る前の国家的施策の重要性については、充分認識していた。つまり、平時における政治・経済の改革や、士卒動員のためのシステムの整備などが、戦時における勝利の前提であると考えていた。特に、『尉繚子』では、商鞅変法にも見まがうような具体的な諸施策を提示していた。ただし、『司馬法』のように、「文武」を国家の支配原理として提起したわけではなく、また、二つの支配原理の峻別や併存を説いているわけでもない。

ただ、漢代以降の兵書になると、これらとは異なる性格を示すものも登場する。たとえば『三《さん》略《りゃく》』である。『三略』は、黄石公《こうせきこう》という人物が漢の張良《ちょうりょう》に授けたと伝えられる兵書である。後に「武経七書」に編入されたものの、『漢書』芸文志にその記載が見られないなど、その成立事情は未詳である。

この『三略』には、『司馬法』とは対極的な考え方が見える。『三略』は、権道（軍事・賞罰）を使用する覇者に対してきわめて厳しい評価を下す。覇者は、自らの人徳によってではなく、権道に頼っているので、君臣関係に亀裂が入りやすいとするのである。「国容」「軍容」という『司馬法』のキーワードを使って言えば、『三略』は、「国容」「軍容」といった場の峻別を説かず、またそこで適用されるべき支配原理の対立や並立などについてもまったく論及していない。むしろ平時に適用されるべき原理を軍事の場にもそのまま適用するのがよいとしている。この点、『三略』は先秦の他の兵書とは異なり、『孟子』や『荀子』の王道説に近い性格を持っていたと言えるであろう。

張良（『歴代古人像賛』）

二つの支配原理

このように他の諸思想や兵書と比較してみると、『司馬法』の特質が改めて理解される。戦国時代の思想家たちは、ある一つの原理で世界に平和がもたらされると考えた。孟子や荀子は、内政の原理である「仁徳」を尊重し、それによって世界を感化していくべきだと考えた。一方、商鞅や『孫子』『尉繚子』などは、むしろ戦時の原理であるべき厳格な法を平時の内政にもそのまま遡及して整備していくべきだと考えた。図示的にとらえれば、孟子・荀子が、「徳」による戦時の平時化を説いたとすれば、法家や兵家は「法」による平時の戦時化を説いたと言えそうである。

これに対して『司馬法』のみは、平時と戦時とをいったん区別した上で、それぞれ価値的に同等である二つの原理を併存させるべきだと考えた。そして、この二つの原理が表裏一体の関係で相互に侵犯しない状況が統治の理想であるとした。このように、『司馬法』の特色は、一つの原理ですべてを説明しようとする当時の思想家たちの中に置くことによって、さらに明らかとなるであろう。しかも、そうした特質は、『説苑』が紹介するように、すでに漢代には、『司馬法』の特質として理解されていたのである。

こうした点から推測すれば、『司馬法』は、春秋以来の司馬の兵法を一部含むとしても、基本的にはやはり、戦国時代の中期頃に、その主要な部分が形成されたと考えられよう。『司馬法』は、国家の基本的な支配原理という観点から軍事に論及し、武力の保有や行使に政治的な根拠を与えようとした。こうした思考は、戦争が巨大・長期化した戦国中期・後期にあっては、むしろ主導的な思想となっていくのである。

そうした路線を強く押し進めた秦が、武力による世界制覇を果たし、秦帝国を樹立するのである。『司馬法』の思想は、こうした世界の潮流に拍車をかける思想でもあった。しかし見方を変えれば、平時と戦時、文と武という二つの原理の併存を説いた『司馬法』は、秦帝国のような世界観に対して強い警鐘を鳴らす思想であったとも言えよう。事実、強力な軍事力を背景に、一元的な法治を進めた秦帝国は、人々の共感を得ることなく、その後、わずか十五年で滅び去ることとなったのである。次の漢代に入り、人々が求めたのは、文と武がバランスよく併存する世界であった。

5 『李衛公問対』――李靖の攘夷

中国の歴史と兵法

中国古代の兵法は、早くも春秋戦国時代において一つの頂点を迎えた。その後、中国は、秦漢帝国という統一国家の時代に入るが、『孫子』『呉子』を越える兵法書は現れなかった。では、中国の兵法は停滞してしまったのだろうか。

こうした大きな問いかけについては、いくつかの答えが用意されている。たとえば、中国兵法の盛衰を、古代から近代までの各時代の政治状況と結びつけて考えようとするものである。夏・殷・周三代は軍事思想の発生期、戦国時代は発展期、秦漢から隋唐は隆盛期。しかし、宋代は消極的防衛期となり、明代は火器の導入による軍容の変化期、清代は半植民地化を招いた「自己陶酔、夜郎《やろう》自大《じだい》」の政策が中国の科学技術や軍事思想などに停滞をもたらしたという考え方である。これは同時に、中国が西洋に遅れをとったのはなぜかという歴史的問いに答えようとするものでもある。

また、中国はそもそも「文」の国であり、中国文化の特質を「無兵の文化」とする考え方もある。この「無兵の文化」とは、後漢時代を過渡期として中国が衰弱に向かい、民族の「尚武」の精神が消失し、中国の軍隊が異民族を主幹とするに至ったことを意味する。これは、『孫子』を生み出した中国の軍事思想がなぜその後発展を遂げなかったのか、またなぜ征服王朝の成立を許すに至ったのか、という問いに答えようとするものでもある。

これらの見方は、中国の兵学を単に兵法という狭い視点から論ずるのではなく、中国の歴史や文化といった大局的な見地から俯瞰しようとする点において高く評価できるであろう。ただ逆に、個々の兵書についての充分な考察がなされた結果であるとは言いがたい。こうした大局的な見通しの是非は、個々の兵書や軍事的言説に対する実証研究を経て、自ずから明らかになっていくであろう。

ここでは、その一つの試みとして、『李衛公問対《りえいこうもんたい》』の兵法を探ってみることとしたい。なお、『李衛公問対』は、上中下の三巻からなり、各巻内の節数は表示されていないが、以下引用の際には、便宜上、各巻の内部を、太宗と李靖の問答を区切りとしていくつかの節に分け、たとえば巻上の第一節を「上一」、巻中の第十三節を「中十三」のように表記する。

正兵と奇兵

北宋の熙寧《きねい》五年（一〇七二）、神宗《しんそう》は宋の軍事教育体制の不備に鑑み、先代の仁宗期に設立されていた「武学（軍事学校）」の復興を命じた。また、元豊三年（一〇八〇）には、国子監《こくしかん》（教育行政官庁）に兵書の選定とその校訂とを命じ、これを受けて、『孫子』『呉子』『司馬法』『尉繚子』『六韜』『三略』『李衛公問対』の七部の兵書が武学の教科書として刊行された。後にこれらは「武経七書《ぶけいしちしょ》」と総称され、中国古代を代表する兵書として、その評価を確立していった。

このうち、『孫子』『呉子』『司馬法』『尉繚子』『六韜』『三略』の六つの兵書が、おおむね春秋戦国時代から漢代初期までの兵書であるのに対して、『李衛公問対』だけは、唐の太宗李世民《りせいみん》（在位六二六〜六四九）と名将李靖《りせい》（五七一〜六四九）との問答で構成されており、背景とする時代に大きなへだたりがある。「武経七書」選定の際、古代の六つの兵書に加えて、『李衛公問対』が取り上げられたのはなぜであろうか。また、『李衛公問対』は、他の六つの兵書に見られる古代兵学の伝統をどのように継承しているのであろうか。

現行本『李衛公問対』は上中下の三巻からなる。その巻上の冒頭部分は、集中的に「奇正《きせい》」の問題を論じている。「奇正」とは、すでに『孫子』にも見えていた戦術用語で、一般には「正」攻法と「奇」策を意味する。

戦いは、正《せい》を以て合《がっ》し、奇を以て勝つ。……奇正の相生ずるや、循環の端《はし》無きが如《ごと》し。孰《たれ》か能《よ》く之《これ》を窮《きわ》めん。
（『孫子』勢篇）

まず「正」兵で立ち向かい、「奇」兵によって勝利する。そして、用兵術に巧みな者は、この「奇正」のきわまりない変化に留意する。「奇」と「正」をつきることなく柔軟に運用していくこと、それはまるで、どこまでいっても果てのない輪のようであり、凡人にはきわめがたい。

ではなぜ、太宗と李靖は、この「奇正」について、議論を重ねたのであろうか。この問答に沿って、『李衛公問対』の特色を探ってみよう。

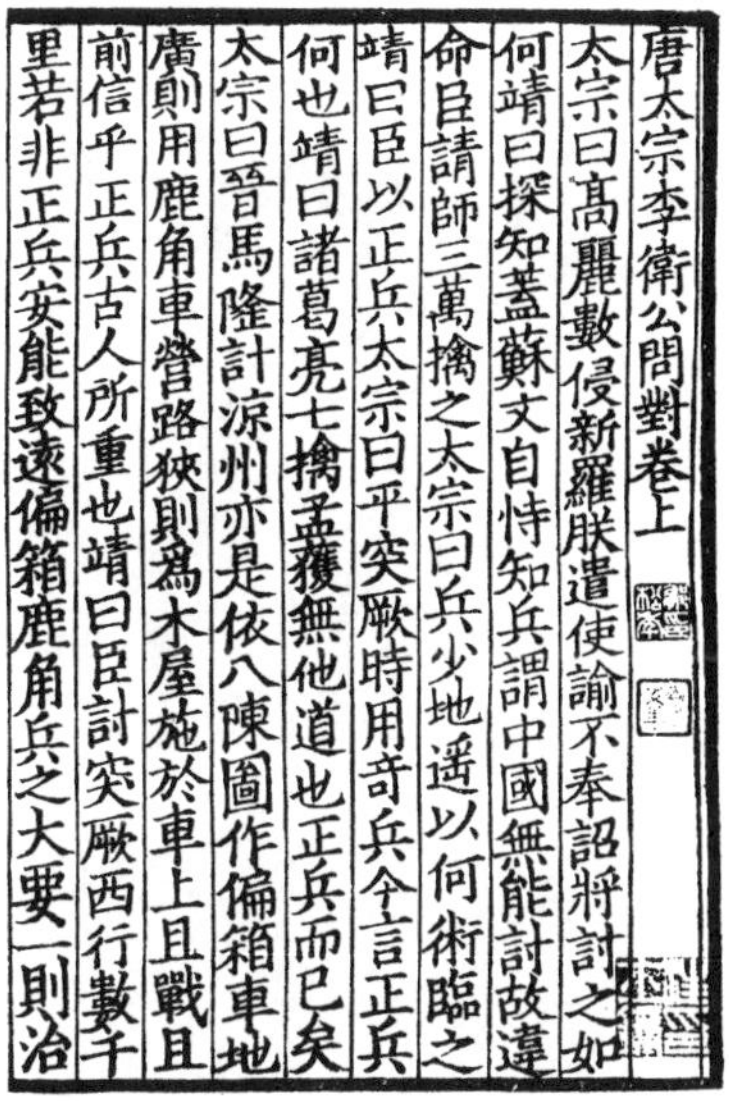
唐太宗李衛公問對卷上
太宗曰高麗數侵新羅朕遣使諭不奉詔將討之如
何靖曰探知蓋蘇文自恃知兵謂中國無能討故違
命臣請師三萬擒之太宗曰兵少地遥以何術臨之
靖曰臣以正兵太宗曰平突厥時用奇兵今言正兵
何也靖曰諸葛亮七擒孟獲無他道也正兵而已矣
太宗曰晉馬隆討涼州亦是依八陳圖作偏箱車地
廣則用鹿角車營路狹則爲木屋施於車上且戰且
前信乎正兵古人所重也靖曰臣討突厥西行數千
里若非正兵安能致遠偏箱鹿角兵之大要一則治

『李衛公問対』巻上（宋刊武経七書本）

巻上は、高麗《こうらい》（高句麗《こうくり》）討伐の議論に始まる。高麗は、唐の高祖（李淵《りえん》）の武徳二年（六一九）、以後、高建武《こうけんぶ》が使者を派遣して唐に朝貢し、武徳五年（六二二）には捕虜を相互返還、その二年後には、高祖に冊封《さくほう》され建武が高麗王となるなど、唐との良好な関係が続いていた。しかし、貞観《じょうがん》十六年（六四二）、蓋蘇文《がいそぶん》が高麗王高建武

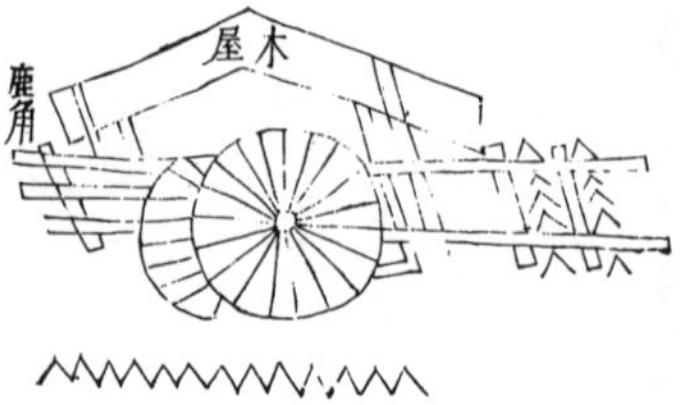

右：諸葛亮（『歴代古人像賛』）
左：馬隆の偏箱車（『武備志』）

を弑《しい》して傀儡《かいらい》の王を立て、自らは莫離支《ばくりし》（中国の兵部尚書《へいぶしょうしょ》兼中書令《ちゅうしょれい》に相当）となって国政を掌握した。また、百済と連合して、しばしば新羅《しらぎ》を攻撃したため、太宗は、貞観十八年（六四四）、李勣《りせき》を遼東道《りょうとうどう》行軍総管に任じて第一次高麗征伐を敢行した。

この討伐に関して、太宗から戦術を問われた李靖は「正兵を以てせん」と答える。これに対して太宗は、貞観四年の突《とっ》厥《けつ》征伐の際、李靖が敵の不意を衝く「奇兵」を用いて成功したことを指摘し、今回、正兵を用いるのはなぜか、と問う。これに答えて李靖は、諸葛亮《しょかつりょう》が敵将の孟獲《もうかく》を七度にがして七度とらえた、いわゆる「七縦七擒《しちしょうしちきん》」の故事を引き、一般には「奇兵」であると認識されている諸葛亮の兵法も、実は「正兵」であったと主張する。つまり、「奇正」の区分は、あくまでその戦術を繰り出す側の意識が重要なのであり、その戦術に翻弄された側によって判断されるのではないというのである。

これに納得した太宗は、諸葛亮と同じく、大遠征で名を馳せた西晋の馬隆《ばりゅう》の故事を引き、馬隆の戦術も、諸葛亮が創始したとされる「八陣図《はちじんず》」に基づき「偏箱車《へんそうしゃ》」を駆使する「正兵」であったと評し、李靖もことばを継いで、突厥征伐のような大遠征を敢行する際には、敵兵力と遭遇する以前の戦力消耗をできるだけ避ける必要から「奇兵」を選択せざるを得なかったと解説するのである。

次に、隋の煬帝《ようだい》の大業《たいぎょう》十三年（六一七）、李淵軍が隋の将軍宋老生《そうろうせい》を敗った霍邑《かくゆう》（現在の山西省霍県）の戦いが取り上げられる。この戦いで、李淵は、長男の李建成《りけんせい》、次男の李世民（後の太宗）とともに出動、李淵・李建成が東方に展開し、李世民が南方に展開して布陣した。最初の交戦で、宋老生は、李淵軍に兵力を集中、李淵軍はやや後退し、李建成は落馬して救助される有様であった。しかし宋老生軍は、別働隊として南方に布陣していた李世民軍に側面をさらすこととなり、李世民はそれに乗じて側面より急襲、宋老生軍を二つに分断した。その結果、宋老生軍の後方部隊は司令部を失い混乱、また宋老生自身も、後方を遮断されることとなり、兵は敗走した。

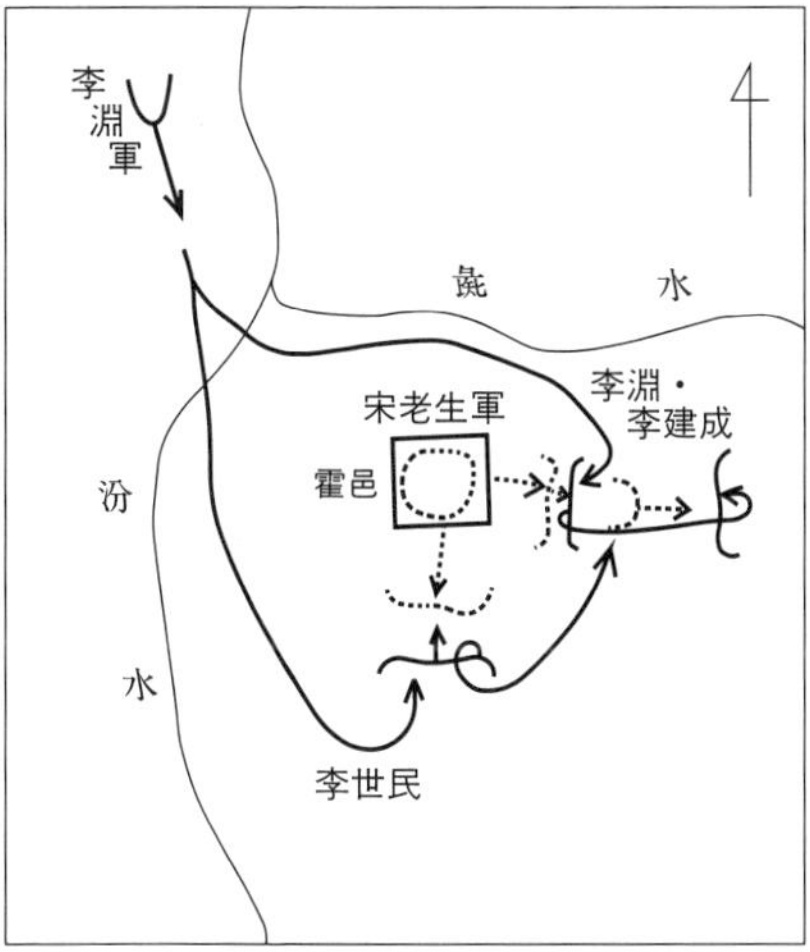

霍邑の戦い

太宗は、この霍邑の戦いにおける戦闘行動を「正兵」か「奇兵」かと問う。李靖は、李淵・李世民の挙兵が隋の臣民を安撫《あんぶ》することを目的とした「義師《ぎし》」（正義の軍隊）である以上、基本的には「正兵」であると評しつつも、李建成の落馬や李淵軍の一時的後退は「奇」であると説く。

ただし、李靖は、前進を「正」、後退を「奇」と単純にとらえているわけではない。局地的な退却「奇」が、作戦行動全体の前進「正」になることもあると答えている。こうした「奇正」についての柔軟な思考は、すでに『孫子』にも説かれていた。李靖も、それを尊重している。

奇正の変化と姿なき軍隊

しかし、奇正の変化やその柔軟な使い分けは、実は口で言うほどたやすくはない。李靖は、軍事演習の段階においては、模擬的に「奇」と「正」とを分けることは可能であるが、実戦においては、あらかじめ奇正の別を定めることはできないという。そして、このような微妙な奇正の使い分けができれば、その軍隊は姿なき「無形」の兵になるという。

これに関連して、李靖は、魏の曹操《そうそう》の「奇正」観を批評する。曹操は、時間的に言えば、最初に繰り出す基本的戦術が正兵、その後に繰り出すのが奇兵、空間的に言えば、正面攻撃が正兵、側面攻撃が奇兵、と考えていた。しかし、必ずしもそうした時間的・空間的な奇正観にとらわれるべきではない。戦況の変化に応じて将軍が自らの裁量・判断によって繰り出すものはすべて奇兵である、と。

このような柔軟な奇正の使い分けができれば、敵は翻弄され、何が正兵で、何が奇兵であるのか見分けがつかなくなるであろう。つまり、「奇正」は、それを敵軍にどのように認識させるかという問題にも展開する。自軍の「奇」「正」を敵軍に「正」「奇」として誤認させることが「人に形《かたち》する（偽形を示す）」ことであり、また、「奇正」の変化がきわまりなく、敵軍に自軍の行動を予測せしめないことが自軍の「無形」なのである。

とすれば、こうした巧みな奇正の変化を操る主体、すなわち将軍は、きわめて重要な存在となってくる。

善《よ》く兵を用いる者は、正ならざる無く、奇ならざる無く、敵をして測《はか》る莫《な》からしむ。故に正も亦《ま》た勝ち、奇も亦た勝つ。三軍の士は、其の勝ちを知るに止まり、其の勝つ所以《ゆえん》を知る莫し。（上六）

李靖は、奇正の固定的なとらえ方を批判し、奇でも正でも要するに、巧妙で的確な使い分けが勝利をもたらすとする。また、「分合《ぶんごう》（兵力の分散と集中）」の変化の機を的確に判断できるのは有能な将軍のみであるという。したがって、奇正の使い分けは最も高度な軍事技術に関わるものであり、ここで李靖が指摘するとおり、「三軍の士」の側は、勝敗の結果を知ることはできても、勝敗の原因や契機についてはついに理解できないのである。

また、ここでは、「奇正」の使い分けの達人として孫武が高く評価される一方、呉起からあとの兵法家は、それに及ばなかったと批評されている。つまり呉起への評価はやや低いのである。これには、呉起が魏の文侯・武侯から対秦防衛の拠点である西河の守りを命じられ、秦の大軍を何としてでも阻止しなければならなかったという特殊事情を考慮する必要がある（四七頁参照）。呉起の戦術は、必死の覚悟を持った少数精鋭部隊で、秦の五十万もの大軍を阻止するという点に特色があった。そこで李靖は、呉起の戦術を、孫武のように「正を以て合」した後に「奇正」を柔軟に使い分けるというのではなく、作戦行動の当初から「奇兵」を運用するものであったと理解したのであろう。

このように、将軍が真に奇正を理解し、それを巧みに運用した戦例は、実はきわめてまれである。それは、「奇」「正」とは何か、という基本的な理解がなされているかに加えて、それを実戦でいつ発動すべきかの見きわめが、はなはだ微妙な判断となるからに他ならない。

そこで、李靖は、「奇」は「機《き》」に通ずると指摘した上で、用兵のポイントは的確な時「機」の選択にこそあると説く。またこうした考えに立って、将軍を三分類し、「正」攻法のみを遵守し、危険な賭《かけ》に出ない将軍を「守将」、危険と背中合わせの「奇」兵を駆使するのみの将軍を「闘将」、奇正両面を的確に使用できる将軍を「国の輔《ほ》（たすけ）」と定義するのである。

『李衛公問対』冒頭部分は、このように、一貫して「奇正」を論じている。むろん、「奇正」は『李衛公問対』に初めて取り上げられたわけではない。ただ李靖は、『孫子』の「奇正」観を基本的に継承しながらも、さらに「奇正」を「無形」に結びつけ、「奇」を「機」に関連づけるなど、『孫子』以上に「奇正」の変化を強調している。

ではなぜ、太宗と李靖は、かくまで「奇正」に執着したのであろうか。その手がかりの一つとして、次の問答を紹介してみよう。

太宗曰く、蕃兵《ばんぺい》は唯《た》だ勁馬奔衝《けいばほんしょう》す。此《こ》れ奇兵か。漢兵は唯だ強弩犄角《きょうどきかく》す。此れ正兵か。靖曰く、按ずるに、孫子云う、善《よ》く兵を用いる者は、之を勢《せい》に求めて人に責《もと》めず。故に能《よ》く人を択《えら》んで勢に任ず。夫《そ》れ所謂《いわゆる》人を択ぶとは、各々蕃漢の長ずる所に随《したが》いて戦うなり。蕃は馬に長じ、馬は速闘《そくとう》に利あり。漢は弩に長じ、弩は緩戦《かんせん》に利あり。（上十七）

太宗は、騎兵によって縦横無尽に突撃する蕃兵が「奇兵」、弩を発射しながら歩兵によって挟み撃ちにする漢兵が「正兵」か、と問う。李靖は、蕃兵は「馬」を得意とし、漢兵は「弩」に長じていて、それぞれ「速闘」「緩戦」に有効であるという。ただ、それをただちに「奇」「正」に結びつけるわけではなく、両者はともに「奇」「正」いずれにも変化できると説く。ここでも、「奇正」に対する固定的な見方が否定されており、その点において、これまでの奇正観と基本的には変わりがない。

ただ、ここで注目されるのは、「蕃兵」の存在である。これは唐王朝が重用した突厥、契丹《きったん》などの異民族の将兵である。この『李衛公問対』でも、唐に脅威を与える夷狄《いてき》（異民族）をどのように排撃し、また、どのように唐の軍事力に編入するかというのは大きな問題となっている。そして、こうした混成部隊が唐の軍隊の一翼を担っている以上、蕃・漢に「奇」「正」を固定的に割り当てるという手法は、民族問題という観点からも決して好ましくはなく、また、純粋に戦術的観点から見ても、騎兵や弩兵をあらかじめ「奇兵」「正兵」として固定するよりは、それらを巧みに組み合わせ、自在に応用していった方が、はるかに有効であったと言えよう。

いずれにしても、太宗と李靖の問答の背景に、こうした蕃漢問題があったことは確実であり、これが李靖の執拗な「奇正」論の一因になっているのではないかと考えられる。そこで次に、この夷狄の問題について考えてみよう。

蕃と漢

『李衛公問対』の冒頭で、太宗は高麗（高句麗）の新羅侵入を嘆いていた。唐は、穏健な対外政策を採った。近接諸国を冊封し、遠隔地とは和蕃公主《わばんこうしゅ》（政治的に嫁がせる天子の娘）を媒介とした擬制的血縁関係を結ぶことにつとめたのである。これを羈縻《きび》政策という。羈とは馬のおもがい、縻とは牛の鼻づなのことで、つなぎとめることを意味する。この結果、「蕃」「漢」は混在することとなり、異民族をどのように扱うかは、唐の安全平和にとって、きわめて重要な課題となった。

唐代地図

貞観二十年（六四六）、北方の異民族薛延陀《せつえんた》が討伐され、北辺に一応の安定状態がもたらされた。しかし、太宗は、「蕃漢」が「雑処《ざっしょ》」しているという現状を憂えた。これに対して李靖は、辺境から都までの「駅」の設置によって太宗の対策は充分であるとしながらも、蕃漢は「教習」がそれぞれ異なるから混同させてはならないという。李靖は、「蕃」を「奇」兵、「漢」を「正」兵に固定化してしまうことを批判していたが、それは、蕃漢の民族的差異そのものを解消しようとするものではなかったことが分かる。それゆえ李靖は、逆に両者の外見上の違いを利用して、漢人を蕃人に見せかけ、蕃人を漢人に見せかけるという戦術を提起するのである。李靖にとって、蕃漢の壁は越えがたく、戦闘行動をともにするとは言っても、両者の違いは敵を幻惑するための手段として利用されるべきものだったのである。

また李靖は、蕃漢の両者に本来的な相違はなく、蕃人を教化し、きちんと衣食をほどこせば、蕃人も漢人になれると説く。しかし、こうした蕃人優遇策には裏があった。

漢の戍卒《じゅそつ》を収めて之を内地に処《お》らしめ、糧饋《りょうき》を減省《げんしょう》せん。兵家の所謂《いわゆる》力を治むるの法なり。（中二）

漢人を内地の守りにもどし、蕃人を危険な辺境の警備にあてることにより、漢人の遠征費・食料費を節約できる。蕃人は異民族の事情にも通じているから辺境守備には好都合である。これは、相手の力をうまく活用する戦法で、古来、「力を治むる」の法と呼ばれているものである、と。

このことばは『孫子』軍争篇に見える。李靖は、やはり最終的には漢人による蕃人の制御を企図しているのであり、「本《もと》より蕃漢の別無し」（中二）とは言っても、それは蕃人を唐の軍事力として活用するための方便であって、蕃漢の平等を意味するものではない。

こうした夷狄観は、軍事の場においては、結局、次のようなことばにまとめられることになる。

蛮夷《ばんい》を以て蛮夷を攻むるは中国の勢なり。（上十八）

これは、もともと漢の鼂錯《ちょうそ》の言として伝えられている。漢帝国の成立以後も、異民族はしばしば中国の辺境を侵した。鼂錯はこうした状況を憂え、将軍の三大急務として、有利な地形の獲得、士卒の教練、兵器の管理、をあげる。

また、鼂錯は、「蛮夷を以て蛮夷を攻むる」のが「中国の形」であるとし、具体的には、漢に投降した胡義渠《こぎきょ》（匈奴《きょうど》の習俗に通じていた）を利用することを提唱するのである。これは、中国の軍隊が夷狄と直接戦うのではなく、夷狄を有効に利用して夷狄を伐《う》つという戦術である。中国が夷狄と同じ土俵で直接戦うというのは、その実態はともかくとして、伝統的な中華思想のもとでは発想されづらかったことが分かる。したがって、『李衛公問対』の「蛮夷を以て蛮夷を攻む」とは、すでに漢の対匈奴政策の中から生み出された理念であり、『李衛公問対』の独創ではない。

しかし、鼂錯と李靖の考え方には、違いもある。鼂錯の辺境防備策の特色は、戦国時代の呉起や商鞅によって断行された農戦体制を髣髴とさせる点である。鼂錯は、受刑者を辺境守備に送り、刑期を終えて復帰させるのでは、辺境守備要員が頻繁に交代することになると指摘する。そして、入植者を募り、彼らを厚遇して常居させることによって、恒常的な守備能力を向上させるべきだというのである。この主張は、特に、魏《ぎ》の文侯・武侯の命を受けた呉起が対秦防衛の砦《とりで》たる西河を防衛した際の状況を連想させる。したがって、同じく、「蛮夷を以て蛮夷を攻む」とは言っても、鼂錯の場合、辺境守備要員としては、あくまで漢人のみが想定されており、『李衛公問対』のような「蕃兵」の編入は考慮されていないのである。

こうした鼂錯の発想を継承していると思われるのが、晋の江統《こうとう》の「徙戎《しじゅう》論」、および南朝宋の何《か》承天《しょうてん》の「安辺《あんぺん》論」である。江統は、「戎狄《じゅうてき》」と晋人とが雑居している状態を憂え、『春秋』の「諸夏《しょか》を内にして夷狄を外にす」という中華思想に基づいて、「戎狄」を塞外に移住させ、華夷の別を明らかにすべきだと主張する。江統は、この「徙戎論（徙は移すの意）」を実行に移せば、たとえ異民族に侵略の意志が芽生えても、実害は拡大しないというのである。ここには、強烈な攘夷《じょうい》の思想がうかがえる。また、何承天は、漢代の対匈奴政策が、征伐か和親かという両極論のみで現実感を欠いていた点を批判し、「安辺の計」を提唱した。「安辺」とは辺境の情勢を安定させることであるが、具体的に何承天が提起するのは、農戦体制の確立である。何承天は、斉における管仲《かんちゅう》の施策、秦の商鞅変法、魏の武卒などの例をあげ、それらに共通して見られる農戦体制を支持し、漢魏の時代以降、それが途絶えていることを指摘するのである。この安辺論は、辺境における定住・農戦体制を主張するという点で、鼂錯の主張にも類似する。

このように、『李衛公問対』で取り上げられた蕃漢問題は、基本的には、すでに漢代にも見える伝統的思考に基づくものであった。しかし、蕃漢の雑居という唐の現実を反映して、その思想は、やや展開している。それは、蕃漢の違いをはっきりと意識しながらも、具体的な戦闘行動の際には、そうした違いにこだわらないという考えであった。こうした柔軟な思考は、李靖の「奇正」観とも通ずるものである。

それでは、こうした性格は、「奇正」や「蕃漢」以外の問題についても、同じようにうかがうことができるのであろうか。

呪術的兵法の系譜

中国の兵法は、『孫子』『呉子』に代表される。それは、入念な計謀と巧みな用兵術によって勝利を得ようとするものであった。中国兵学の主流となっていったのは、人為的な努力を前提とすることの計謀的な兵法である。しかし、『漢書』芸文志が「兵陰陽」と呼ぶ呪術的兵法も、中国兵法の影の系譜を形成していった。春秋戦国時代の戦争では、挙兵の前に占卜によって勝敗を予測し、敵陣の上に立ちのぼる雲気を観望したり、君主や将軍が見た夢を占うなどは、むしろ当然のこととして記録されている。

『史記』律書《りつしょ》も、こう記している。

敵を望みて吉凶を知り、声を聞きて勝負を効すと。百王不易《ふえき》の道なり。

雲気や音律の観測はむしろ行軍の際の不可欠の要素であり、「不易の道（永遠に代わらぬ常道）」である。「兵陰陽」家の思想が人心をとらえ、中国兵学のいま一つの系譜を形成していた状況が推測されるであろう。『漢書』芸文志は、そうした呪術的兵法を説く兵書を「兵陰陽」家として総括した。

また、一九七三年に湖南省長沙の馬王堆漢墓から出土した帛書『五星占』『天文気象雑占』や敦煌で発見された『占雲気書』などが、「兵陰陽」家の存在を出土文献の上からも明らかにしたことについてはすでに述べたところである（二〇頁参照）。

したがって、『孫子』『呉子』に代表されるような人為重視の兵学を、中国の伝統的兵学とするならば、中国の兵学思想史は、それら伝統的兵学のみによって語りつくせるわけではなく、これら神秘に彩られた呪術的兵法の側も、大きな影響力を持って存在していたと考えられるのである。あたかも『李衛公問対』の時代とは、著名な天文家李淳風《りじゅんぷう》が『乙巳占《いつしせん》』という占いの書を撰し、太史令《たいしれい》（歴史編纂と天文暦法を司る官職）を務めた瞿曇悉達《ぐどんしった》によって『大唐開元占経《かいげんせんきょう》』という占いの百科全書が編集された唐の時代である。

李靖と「詭道」

そこで注目されるのは、『李衛公問対』の「詭道《きどう》」の概念である。

兵は詭道なり。故に強《し》いて五行《ごぎょう》に名づく。之を文《かざ》るに術数相生相剋《そうせいそうこく》の義を以てす。其の実は、兵形水に象《かたど》り、地に因《よ》りて流れを制す。此れ其の旨《し》なり。　（中十三）

「五行の陣」とは何かという太宗の問いに、李靖は、「詭道」であると答える。「五行」とは木・火・土・金・水の五要素の循環によって万物の現象を説明しようとする中国古来の思想である。陰陽思想とあわせて陰陽五行説と呼ばれることもある。「五行の陣」とは、この五要素を色で表した、青（木）・赤（火）・黄（土）・白（金）・黒（水）の五つの陣のことをいう。

ただ、李靖自身は、この五行思想を深く信じているわけではない。ここに「強いて」とあるのは、李靖自身、そこに神秘性を認めるわけではないが、士卒の統御や作戦行動を容易にするため、あえて「詭道」として利用するという意味であろう。また、術数家の唱える五行「相生」（五行思想で、木は火を、火は土を、土は金を、金は水を、水は木を生ずるというように、互いに他のものを生じさせる関係）、「相剋」（五行思想で、木は土に、土は水に、水は火に、火は金に、金は木に剋《か》つというように、互いに相手に勝つ関係）についても、李靖は「詭道」を偽装するための方便であると理解していることが分かる。

ところで、「詭道」とは、『孫子』に見える重要な概念であった。春秋時代の従来の戦争が貴族戦士によって構成される車兵を主体とした会戦であったのに対し、『孫子』の前提とする戦争は、本来の戦闘員ではない民を、歩兵として大量に動員した総力戦であった。両軍布陣を終えた後、主力の正面対決によって雌雄を決するという従来の戦争形態は、大きく変容することとなった。戦争を「詭道」とする認識は、こうした状況を背景としているであろう。またそこには、佯北《ようほく》（わざと負けたふりをして逃げること）、迂回、伏兵、挟撃、側面攻撃など多彩な戦術の存在が推測される。『孫子』は、こうした奇策・奇計の活用により、敵を翻弄する一方、自軍の戦力消耗を避けて、「戦わずして人の兵を屈する」ことが「善の善なる者」である（謀攻篇）と述べていた。

ところが、『李衛公問対』の「詭道」には、やや異なる意味づけがなされている。第一は、呪術的兵法の神秘的要素を、李靖自身は信じているわけではない。しかし、それらは古来人々に信じられているから、むしろ活用していこうとする点である。

第二は、活用する際、限定的に使うということである。「五行の陣」など、いかにも意味ありげな陣を布いて、味方の志気を高め、敵に恐怖を与えられれば、有効な詭道であると言える。しかし、あらゆる呪術を認めてしまうと、逆に自軍の士気が低下したり、恐怖のあまり逃亡するものも出てきてしまう。そこで李靖は、一部の詭道を限定的に認め、逆に、それ以外の怪しげな詭道がやみくもに増加するのを防止できると考えるのである。

このように、この当時の「詭道」とは、『孫子』に説かれるような、敵軍に対して展開される迂回、佯北、伏兵などの戦術のみならず、さらに五行思想などをも含む神秘的、呪術的な奇策をも広く意味していたことが分かる。太宗は、そうした要素に対して基本的には冷淡であるが、李靖は、冷淡でありつつ、同時にそれを逆手にとって活用すべきだと考えているのである。

さらに、李靖はここで、「詭道」を「貪《たん》を使い愚を使うの術」と定義する。詭道の適用対象は、敵のみではなく、自軍の欲深で愚かな士卒にも及ぶと考えるのである。とすれば、詭道の活用は、ときに味方の将兵をも欺くこととなる。

もっとも、『孫子』においても、戦闘意欲のない民をどのように統制するかという観点から、自軍の士卒に対して一定の情報操作を行うとされていた。その上で『孫子』は、士卒を、羊の群れを駆るように操るのであると説いていた。これも自軍の士卒に対する奇計と言えなくもない。しかし、『孫子』の定義する「詭道」は、やはり主として敵軍に適用されるものであり、『李衛公問対』のように、明確に自軍の士卒に向けられたものではない。

ここで思い出されるのは、こうした呪術的兵法を厳しく批判していた『尉繚子』である。では『李衛公問対』は、この『尉繚子』のような考え方をどのように評価しているであろうか。

詭道は之に由《よ》らしむべく、之を知らしむべからず。後世の庸将《ようしょう》は術数に泥《なず》む。是《ここ》を以て多く敗る。（下一）

詭道はそれによって士卒を従わせることができる。が、その真意を知らせてはならない。後世の凡庸な将軍は、自ら術数にとらわれてしまい、そのことによって人為的努力を忘れ、敗れ去ったのである。

李靖も基本的には『尉繚子』と同じく、「兵陰陽」兵法の呪術的性格を否定している。しかし一方で李靖は、呪術的要素も「詭道」として活用できると説く。『尉繚子』が終始一貫して呪術的兵法を排撃するのみであったのに対して、李靖は「詭道」を、人心を操ることのできる有効な技術であると考えるのである。ただ、後世の凡庸な将軍たちは「術数に泥」んだ結果、多くは敗北したとも言う。このように李靖は、「術数」を操る側の将軍が自ら迷信にとらわれてしまうことを警戒しながらも、それを巧みに利用して軍隊を運用すべきであると考えるのである。

二つの兵学の統合

これと同様の思考は、出陣の際の一連の儀式をどのように評価するかという問答にもうかがうことができる。『呉子』図国《とこく》篇は、挙兵の際、「祖廟《そびょう》（先祖の御霊を祀った廟堂）」に出陣を報告し、必勝を祈願すると述べている。また『孫子』計篇でも、廟堂における「廟算」が開戦前の重要な手続きとして論じられていた。こうした出陣前の儀式や誓いは、五経の一つ『書経《しょきょう》』にも「湯誓《とうせい》」「泰《たい》誓《せい》」などとして記されるとおり、戦争の正当性を皆に示し、士気を鼓舞するための重要な舞台装置であったと言えよう。

ただし、『孫子』は、士卒に疑惑を抱かせ、士気を低下させるような占いの類いを厳しく禁じていた。同じく、『呉子』も、人為的努力によって勝敗を決しようと考えていた。これらの儀式は士卒の心を一つにまとめ、高揚させるための手段として尊重されていたのである。

李靖も、同じく、出陣に際しての一連の儀式は、威厳を神に借り、将軍への権限の委託を示すためのパフォーマンスであり、またそれが軍隊の士気を鼓舞するための不可欠の手段であるという。ただし、重要なのは形式ではなく、その形式によって得られる効果である。だから李靖は、こうした古来の儀式を踏襲しない太宗に対しても、決して不満を言わない。むしろ太宗の威厳のある言動によってもたらされる効用は、古来の儀式と同じであると評価している。李靖は、呪術それ自体を信じているのではなく、その形式を踏襲することによって得られる軍事的効果を期待しているのである。

さらに李靖は、過去の著名な戦例についても、こうした観点から論評を加える。周の武王が殷の紂王《ちゅうおう》を滅ぼしたのは、「甲子《かっし》（きのえね）の日」であった。十干《じっかん》の「甲」と十二支の「子」を組み

李靖（『歴代古人像賛』）

合わせた「甲子の日」は、干支《えと》の周期の第一日に当たり、言わば縁起の良い日である。しかし、この「甲子の日」に殷の紂王は敗れたのである。吉日が誰にとっても吉であるとは限らない。また、南朝宋の武帝劉裕《りゅうゆう》は、不吉の日とされる「往亡日《おうぼうじつ》」に挙兵した。軍吏は凶であるといって諫《いさ》めたが、劉裕は強行し勝利を収めた。李靖はこうした例をあげ、これらは単なる迷信であると断言する。

しかし、それに続いて李靖は、斉の将軍田単《でんたん》の故事を引く。燕《えん》に包囲され、絶体絶命の危機を迎えた田単は、士卒の一人を「神」に仕立てて「燕破《やぶ》るべし」との予言を吐かせた。このにわか仕立ての「神」のことばは、全軍の士気を鼓舞することとなり、斉軍は逆転勝利を収めたという。李靖は、そうした呪術的要素を「詭道」として利用できるというのである。

このように、李靖の基本的な姿勢は、一貫している。人事を尊重しながらも、同時に、「術数」の側を完全に否定することなく、「詭道」の一種として限定的に認めていこうとするのである。これを、兵学思想史の二つの系譜という観点から見れば、次のように整理できるであろう。

つまり、『李衛公問対』は、伝統的兵学に見られた人事主体の思考を基盤としつつ、同時に、「兵陰陽」的要素をも、「詭道」の一種として取り込み、巧みに利用しようとするのである。二つの兵学の統合である。だから、神秘的要素そのものの廃絶にはむしろ慎重な態度を示している。この点は、合理的思考に貫かれた『孫子』や「兵陰陽」の兵法を厳しく排撃した『尉繚子』とは異なる、『李衛公問対』の大きな思想的特質である。

こうした思考が形成されたのは、第一に、「兵陰陽」家の兵法が実際に大きな影響力を持っていたからであろう。その意味で、太宗の次のことばは示唆的である。

今後諸将、陰陽拘忌《こうき》を以て事宜《じぎ》を失う者有らば、卿《けい》当《まさ》に丁寧にして之を誡《いまし》むべし。（下一）

唐の太宗（『歴代古人像賛』）

太宗も、勝敗は人事によって決まると考えている。吉日を選ぶとか、五行に従うというような迷信は信じない。ただ、現実には、さまざまなタブーに拘泥し、勝機を逸して敗北に追い込まれた暗愚な将軍がいたのである。太宗は、今後、そうしたタブーにとらわれて戦機を失うような将軍がいれば、そなた（李靖）が懇《ねんご》ろに戒めてやってほしいという。

また、第二に、唐の軍事情勢も『李衛公問対』の思想形成に影響を与えているであろう。太宗や李靖の念頭にあったのは、主として、高麗、契丹、突厥などへの遠征軍の派遣である。唐の軍隊は、これら習俗を異にする蕃人と戦闘を交えなければならなかった。また、唐の軍隊そのものも、「蕃」「漢」の混成となる場合があり、さらに、蕃人のもたらす情報や戦闘能力は高く評価され、唐は、彼らを蕃将として待遇した。『李衛公問対』の「詭道」がやや複雑な性格を示すのは、こうした唐の事情とも無縁ではなかろう。

将軍李靖の名声

それでは、このような内容を持つ『李衛公問対』は、次の宋の時代においてどのように評価され、「武経七書」に編入されたのであろうか。それにはまず、李靖自身の活躍がどのように伝えられたのかを見ておく必要がある。

すでに確認したように、『李衛公問対』の大きな主題の一つは「奇正」であり、それは、やがて、「奇正」を繰り出す絶妙の「機」の問題へと展開していった。また、そのように電光石火で繰り出される「奇正」は、それを理解できない敵の目には「神」として映じることも説かれていた。

そこで注目されるのは、『旧唐書《くとうじょ》』の李靖伝である。それによれば、ある時、増水した川を前に、諸将が進軍をためらったのに対して、李靖は、「兵は神速を貴ぶ。機失うべからず」と述べ、むしろその水の勢いに乗じて敵に奇襲をかけるべきだと主張したという。ここでは、李靖の兵法の特徴が「神速」「兵機」の重視としてとらえられていることが分かる。

また、『李衛公問対』に見られた「蕃漢」の問題も、李靖自身の活躍と密接な関係にあった。右の『旧唐書』李靖伝の賛《さん》は、李靖の功績を「功、華夷《かい》を定め、志、忠義を懐《おも》う」と高く評価している。『新唐書』李靖伝も、突厥との戦いで諸将が次々と敗れるなか、李靖のみが軍を全うして帰還し、太宗から、かつて対匈奴戦で奮闘した漢代の将軍李陵《りりょう》に並べて顕彰された、と記している。さらに、唐の杜佑《とゆう》が編纂した制度史の書『通典《つてん》』兵部も、その基本的戦争観や安全平和観を記す「兵序」で、唐の安全平和にとって最大の重要事は辺境防備であるとし、その具体的な功績として李靖の突厥征伐を第一にあげている。

このように、李靖の軍事活動は、対夷狄戦における軍功として強い印象を残していることが分かる。また、このことは、『李衛公問対』における李靖の中華意識とも符合する。『李衛公問対』で李靖は、蕃漢は人として本来的な区別はないと述べ、一見、蕃漢の融和を説いているかのようであった。しかし、李靖は、やはり蕃漢の別を強く意識しており、また、両者の違いを逆手に取って敵を混乱させるなどの戦術を考案していた。こうした李靖の夷狄観は、結局、太宗が漢の鼂錯の言を引いて述べた「蛮夷を以て蛮夷を攻む」ということばに象徴されるものであった。

そうした観念が李靖の具体的な軍事行動として表れるとき、それは、みごとな「攘夷」の実践となるであろう。後の宋代では、金《きん》の軍事的脅威から、強硬な攘夷論が噴出することとなる。たとえば、胡安国《こあんこく》はその『春秋伝』において強硬な攘夷論を展開する。

(戎狄は)我が族類《ぞくるい》に非ずして、其の心必ず異なり、夏《か》を猾《おか》すの階《かい》を萌《きざ》す。其の禍《わざわい》長ずべからざるなり。(隠公二年春伝)

夷狄はそもそも我々から見れば異類であり、心が通い合うことは決してない。彼らは中華(夏)を犯そうとしているから、その災いが拡がらないうちに征伐しなければならない。

こうした宋代の知識人から見ても、『李衛公問対』の蕃漢の思想や李靖の活躍は、中華の安全平和にとって魅力ある指針を提供するものであったと推測される。

しかし、唐代も中期以降になると、こうした唐初の栄光は影を潜め、宋代人からはむしろ嫌悪の対象となるような事例が相つぐ。たとえば、粛宗《しゅくそう》の天宝十五年(至徳元年、七五六)、粛宗は安史《あんし》の乱の鎮圧のために回紇《かいこつ》(ウイグル)と修交を結び、派兵を要請することとなった。しかし、回紇はこれを機に、長安・洛陽に侵入し、府庫《ふこ》(宮中の宝物庫)に押し入って財宝を盗み、市中で略奪の限りをつくしたという(『旧唐書』回紇伝)。唐は戎狄に救援を求めて逆にその毒を被《こうむ》ることとなったのである。

また、徳宗の貞元三年（七八七）の事件も、後に胡安国が『春秋伝』の中で取り上げる屈辱的な事例である。吐蕃《とばん》（チベット）の尚結賛《しょうけつさん》が中華に侵入してきた。夷狄うつべし。やつらは信用できない。その貪欲な心は豺狼《さいろう》のごときである。重臣たちのこうした攘夷論を退けて徳宗は、吐蕃の尚結賛と盟約を結んだ。しかし、結局は尚結賛に裏切られ、夷狄の狼藉を許すこととなった。

胡安国は、唐代におけるこうした事例を念頭に、中華の被った恥辱を指摘し、改めて強硬な攘夷論を展開するのである。

とすれば、宋代において『李衛公問対』が注目を浴びた一つの要因として、やはり、こうした蕃漢問題についての毅然とした態度があげられるのではなかろうか。巧妙に夷狄の軍事力を取り込みつつ、夷狄を打倒しようとする思考などは、「武経七書」所収の他の六書には見当たらない。

さらに、呪術的兵法に対する李靖の態度も、中国兵学史の上で、重要な位置を占めている。『新唐書』李靖伝の賛には、次のような注目すべき批評が記されている。

世言う、靖は風角《ふうかく》・鳥占《ちょうせん》・雲祲《うんしん》・孤虚《こきょ》の術に精《くわ》しくして、善く用兵を為すと。是れ然《しか》らず。特《た》だ以て機に臨むこと果《か》、敵を料《はか》ること明《めい》にして、忠智に根ざすのみ。

世俗の人々は、李靖を、風占いや鳥占い、雲気観望の術などに精通した呪術的兵法の達人と評しているが、それは誤りである。李靖の絶妙の「臨機」「料敵《りょうてき》」のさまが俗人にはそのように感じられたためである。

この批評は、『李衛公問対』の内容を髣髴とさせる。李靖は、五行説などに基づく呪術的兵法を基本的には否定しながらも、それを単純に排撃することなく、「詭道」の一種として限定的に使用しようとしていた。それは、こうした神秘的要素が俗人に多大の影響力を持っているからであり、李靖はそれを巧みに利用して、人心を収攬《しゅうらん》し、士気を鼓舞しようと考えたのである。こうした李靖の用兵術を、その実状を知らぬ士卒や敵側から見た場合、それはきわめて神秘的な兵法として映ずるであろう。『新唐書』は、この点をとらえて右のように評したと思われる。

このように、『李衛公問対』の基本的性格は、他の伝記類とも合致している。『李衛公問対』は、唐の置かれていた軍事情勢を反映し、次の宋代の知識人にとっても重要な指針を与えるものであったと考えられる。それは将軍李靖の活躍とも相まって、『李衛公問対』の価値を引き上げることとなった。

〈解説〉その他の兵書・兵学的著作

■『六韜《りくとう》』

周の太公望呂尚《たいこうぼうりょしょう》が著したという六巻の兵法書。太公望呂尚とは、周の文王の軍師である。渭水《いすい》でつりをしていたときに文王に見いだされたという。つり好きの人を「太公望」と呼ぶようになったのは、この伝説にちなむ。

呂尚はその軍事的功績によって斉に封ぜられ、唐代には、諸州に設置された「太公廟《びょう》」において、張良《ちょうりょう》、司馬穰苴《しばじょうしょ》、孫武、呉起、楽毅《がくき》、白起《はくき》など歴代の著名な武将や軍師を従えて祭祀された。また、詔勅《しょうちょく》によって「武成王《ぶせいおう》」「昭烈《しょうれつ》武成王」といった尊称が与えられ、戦いの神として崇拝されるに至った。

『六韜』はその兵法を伝えるとされるもので、「太公兵書」と称せられることもある。「韜」とは、もともと弓や剣を入れておく袋のこと。太公望が周の文王・武王に、兵法および政治の要諦《ようてい》を説くという体裁を採り、「文韜」「武韜」「龍韜」「虎韜」「豹韜《ひょう》」「犬韜」の六部全六十篇からなる。「文韜」「武韜」は、基本的な国政と戦略について、「龍韜」は軍略や計謀について、「虎韜」は戦闘における勇猛・果断について、「豹韜」は奇計について、「犬韜」は果敢な突進について説いている。

ただし、現行本『六韜』の中には、明らかに基調を異にする兵学思想が混在している。このことから、現行本は、漢代から六朝時代にかけて、別系統に属する資料が編集され、一書になったものであると推測される。特に、『漢書』芸文志が「兵陰陽」家と定義する呪術的な兵法については、明らかに異なる二つの立場が混在している。

たとえば、「兵陰陽」の重要な構成要素の一つである「音律《おんりつ》」と兵法との密接な関係が説かれ、また、望気術についても具体的な記述が見られる一方、他の箇所では、「戦攻守禦《せんこうしゅぎょ》の具は、尽《ことごと》く人事に在り」と、呪術的な思考を排した「人事」の重要性も強調されたりする。

なお、銀雀山漢墓からは『六韜』と思われる文献も出土し、「守土」「三疑」「尚正《しょうせい》」「葆啓《ほけい》」などという篇名が確認されているが、竹簡の破損がひどく、読解は進んでいない。また、『六韜』は『三略』と合わせて「韜略《とうりゃく》」と併称され、日本では特に、秘伝の書、虎の巻の意で用いられることもある。

■『三略《さんりゃく》』

黄石公《こうせきこう》なる人物が漢の高祖の謀臣張良《ちょうりょう》に授けたと伝えられる兵書。『黄石公三略』とも呼ばれる。『六韜』とともに兵法の虎の巻として尊重され、後に「武経七書」に編入された。現行本は上中下の三巻からなるが、『漢書』芸文志にその記載が見られないなど、成立事情は未詳である。日本でも、『六韜』とともに尊重され、室町初期に漢学研修の施設として確立された下野《しもつけ》国足利庄《あしかがしょう》の「足利学校」でも講じられた。

『三略』の記載によれば、本書は、衰退した世のために、主として君主を読者対象として執筆されたという。太平の世が去った後の乱世をどのように経営すべきかを説くものであり、具体的な兵法というよりは政治論としての色彩が濃厚である。『三略』は、「兵」を不祥の器としながらも、同時に、「已《や》むを得ず」武力行使するのが「天道」にかなった行為であると主張している。また、先秦の他の兵書とは異なり、王者の姿を理想として提示するなど、むしろ『孟子』や『荀子』の王道説に近い性格も見られる。こうした『三略』の思想的特質は、漢代における中国的文武観の成立、儒教の国教化などと密接な関係があるように思われる。

■銀雀《ぎんじゃく》山漢墓《さんかんぼ》竹簡《ちくかん》「守法守令等十三篇《しゅほうしゅれいとうじゅうさんぺん》」

一九七二年に中国の山東省臨沂《りんぎ》県銀雀山から出土した文献。『漢書』芸文志などの図書目録にもその名が見えず、これまでまったく知られていなかった古佚書《こいっしょ》である。原題は記されておらず、「守法守令等十三篇」というのは仮称であるが、その中には、貴重な思想が記されており、戦国から秦漢に至る思想史研究の上に、新たな資料や視点を提供するものである。また、各篇の篇名を列記した木牘《もくとく》（木の札《ふだ》）には十二篇分の篇名が見えるので、「十二篇」と認定すべきかもしれないが、本文部分が欠落しているものもあり、確認できない。

このうちの「王兵」篇は、『管子』の軍事思想を説く諸篇と多くの重複部分を持ち、「王」者の「兵」について論述する。ただし、その「王」とは、『孟子』の説くような仁徳によって世界を帰服させるという王者ではなく、武力行使を前提とする世界の覇者である。また、その「兵」も、単なる他国への抑止力ではなく、文武の兼備に留意しながらも明らかに発動・行使することを前提とした軍事力である。

また、「兵令」篇は、軍隊を機能的に統括・操作するための軍令・教令の重要性を説き、同時に、その具体的な諸規定を提示する。これらは、商鞅変法を髣髴とさせるものであり、民をどのようにして徴用し、操作するかという法家思想的な発想に基づいている。また、この篇の内容は、現行本『尉繚子』兵令上下篇とほとんど重複しており、『尉繚子』の成立事情解明にとっても大きな手がかりを与えている。

さらに、「守法」篇には、『墨子《ぼくし》』備城門《びじょうもん》篇との類似部分が存在するなど、この古佚書は、戦国時代から漢代にかけて成立したと思われる他文献との関連性が高く、他の古代兵書の成立過程の解明にとっても、きわめて貴重な資料であると考えられる。

■馬《ま》王堆《おうたい》漢墓《かんぼ》帛書《はくしょ》『十六経《じゅうろっけい》』

一九七三年、中国湖南省長沙《ちょうさ》馬王堆漢墓から出土した文献。馬王堆漢墓帛書には、甲本・乙本二種類の『老子』が含まれていたが、そのうちの乙本『老子』の前には、『経法《けいほう》』『十六経《じゅうろっけい》』『称《しょう》』『道原《どうげん》』という四種の古佚書が記されていた。思想的には、漢代初期の思想界に主導的な地位を占

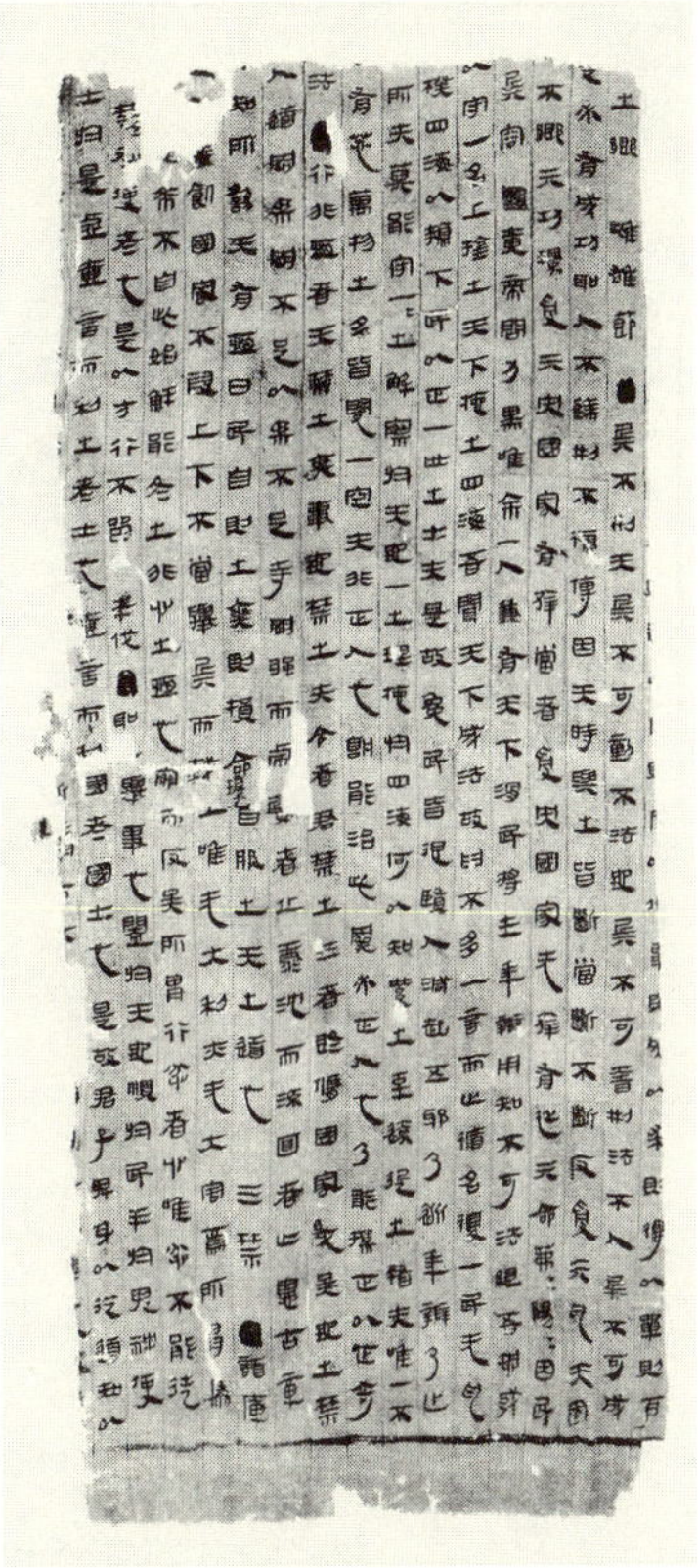

『十六経』（『馬王堆漢墓文物』より）

漢代画像石に描かれた蚩尤（左側の半人半獣。山東省嘉祥県武氏祠画像）

めたとされる黄老《こうろう》思想の実態を伝える資料として注目を集めている。

このうち、『十六経』は、「黄老」の「黄」すなわち黄帝《こうてい》に関する伝承を豊富に記載している点で、神話伝説研究という観点からも注目に値する新資料である。『十六経』は、立命・観・五正・果童《かどう》・正乱・姓争《せいそう》・雌雄節《しゆうせつ》・兵容・成法・三禁・本伐《ほんばつ》・前道・行守《こうしゅ》・順道の各篇からなる。

この『十六経』のうちの「五正」篇と「正乱」篇には、中国最初の戦争とされる黄帝・蚩尤《しゆう》の戦いについて興味深い伝承が記されている。蚩尤は、『山海経《せんがいきょう》』などの諸伝承によれば、聖王黄帝を苦戦に追い込んだ半獣半人の神で、古代中国の戦争神とされる。しかし、『十六経』では、黄帝の圧倒的な力の前に蚩尤は惨敗し、敗者として見せしめにされる。また、黄帝の挙兵が天道の運行に基づく正当的なものであるとする点にも特徴がある。なお、『呂氏春秋《りょししゅんじゅう》』や『大戴礼記《だたいらいき》』も、偉大な戦争神としての蚩尤像を描かないという点で、『十六経』に類似する。

そして、これと入れ替わるかのように、戦争神として祭祀されるようになったのは、太公望呂尚

（姜太公《きょうたいこう》、姜子牙《きょうしが》）であり、また後に、文の聖人・孔子に並ぶ信仰を集めたのは、武の神・関羽《かんう》（関帝・関聖帝君）であった。このことは、中国の戦争神が、太古の荒ぶる異形神から、「文」の統制下に置かれた「武」神へと変容し、また、個々の軍事的勝利を祈願する対象としての神から、夷狄や征服王朝への怨念などをも込めた民俗的・国家的神へと変質していったことを示唆している。

■『墨子《ぼくし》』非攻《ひこう》篇

『墨子』は、墨家の開祖墨翟《ぼくてき》および墨家学派の思想を集成した書。『漢書』芸文志には七十一篇と記録されるが、現行本は全五十三篇からなる。その中心は、尚賢《しょうけん》・尚同《しょうどう》・兼愛《けんあい》・非攻・節用・節《せっ》葬《そう》・天志・明鬼《めいき》・非楽《ひがく》・非命の十論であり、このうちの「非攻」篇に墨家の戦争観がまとまって見える。

墨家の唱えた非攻とは、いわば中国版の反戦平和論である。『孫子』をはじめとする中国古代兵法に比べて、中国古代の平和論は、あまり強いイメージを残していない。ただ、春秋戦国時代にも、儒家の王道・義兵説、道家の戦争凶器説など戦争を否定的にとらえる思想は存在した。こうした中で、「偃兵《えんぺい》」説・「寝兵《しんぺい》」説という明確な反戦平和論を唱えたのは、公孫龍《こうそんりょう》・恵施《けいし》・宋鈃《そうけい》・尹《いん》文《ぶん》など、戦国時代の論理学派、いわゆる名家《めいか》の思想家たちであった。宋鈃・尹文は、侮辱されてもそれを恥辱と思わなければ自ずから私闘は止むという「非闘」説をもとに、「攻を禁じ兵を寝《や》む」

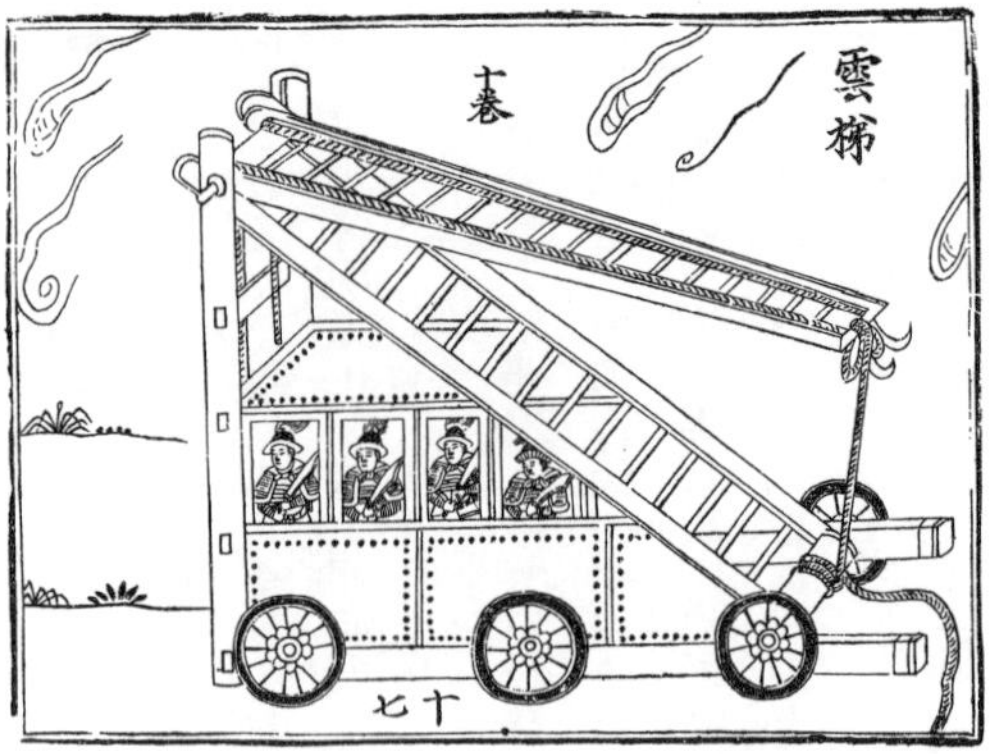

雲梯（『武経総要』）

という侵略戦争反対・軍備撤廃のスローガンを掲げて天下をかけめぐった。また公孫龍・恵施も、軍事大国を目指す諸侯の面前で、天下を「兼愛」し「兵を偃《や》む」ことの重要性を力説した。

また、墨翟を首領とする墨家集団は、「非攻」説を掲げて軍事大国による侵略戦争を批判し、自ら弱小国に赴いて城邑《じょうゆう》の防衛に参戦した。この墨家の活動も、強固な平和論に支えられた特異な実践行動であった。墨家は、「尚同」論という中央集権的枠組を想定しながらも、その枠内の個々の単位としての旧諸国の存在は「兼愛」によって温存する、という保守的世界像を理想とした。だから、その前提となる世界を最も過激に改変してしまうものとして、侵略戦争は強く否定されなければならなかったのである。

また、墨家の非攻論は、単なる机上の理論ではなく、集団的な実践活動をともなった点に特色がある。「墨守《ぼくしゅ》」とは、墨家集団が、さまざまな戦術・兵器を駆使して堅い守備を誇ったことに由来することばであり、『墨子』の中の、「備城門（城門の備え）」「備梯《びてい》（雲梯《うんてい》という兵器に対する防備）」

「備水（水攻めに対する備え）」「備穴（穴《トンネル》に対する備え）」「旗幟《きし》（命令を知らせる旗）」「号令」などといった軍事技術に関する約二十の諸篇は、こうした墨家の実践活動を示すものである。

■『荀子《じゅんし》』議兵《ぎへい》篇

『荀子』は、戦国末期の思想家荀子の思想を伝える書であり、三十二篇からなる。荀子には、孔子以来の儒家思想を集大成しようとする意識が強く、また、孟子の性善説に対して性悪説を説いたことで知られる。さらに、戦国末期の社会情勢をも受けて、礼の重視、富国強兵策などを説いたことから、むしろ法家思想に接近しているとされる。法家思想を大成した韓非子と秦の宰相になった李斯《りし》は、ともに荀子に学んでいる。

荀子の戦争観および当時の軍事的情勢をまとめたのが「議兵」篇である。ここではまず、戦国時代に名をはせた魏・斉・秦の軍容が批評される。魏の「武卒《ぶそつ》」、斉の「技撃《ぎげき》」、秦の「鋭士《えいし》」を比較し、斉の技撃は魏の武卒にかなわず、魏の武卒は秦の鋭士にかなわないという序列を示す。次に、この三者は、斉の桓公、晋の文公、殷の湯王、周の武王の兵と比較され、秦の鋭士は桓公・文公の節制の兵には及ばず、桓公・文公の節制の兵は湯王・武王の仁義の兵には及ばないと批評されている。

荀子はこのように、斉・魏・秦の軍隊の基本的性格を、「権謀」「功利」の兵として批判し、「仁義を以て本《もと》と為す」「王者の兵」を理想として示すのである。

■『大戴礼記《だたいらいき》』用兵篇《ようへいへん》

『大戴礼記』は、前漢の戴徳《たいとく》（前四八〜後三三）の著とされ、『大戴礼』『大戴記』とも言われる。戴徳は、その甥の戴聖《たいせい》とともに礼を后蒼《こうそう》に学び、古礼を編集して八十五篇にまとめ、戴聖がこれを四十六篇に編纂した。さらに後漢末の馬融《ばゆう》がこれに「月令《がつりょう》」「明堂記《めいどうき》」「楽記《がくき》」各一篇を加えて四十九篇とした。これを「小戴礼《しょうたいれい》」といい、今の『礼記《らいき》』がこれに相当する。

『大戴礼記』の成立については謎が多く、成立時代もはっきりしないが、このうちの千乗《せんじょう》・四《し》代《だい》・虞戴徳《ぐたいとく》・誥志《こうし》・小辨《しょうべん》・用兵・少間《しょうかん》の七篇は、『漢書』芸文志の「論語類」に記録されている古文献「孔子三朝記《こうしさんちょうき》」に相当し、曾子立事・曾子本孝等の曾子関係十篇は、同じく「儒家者流」に記録されている古文献「曾子」に相当するなど、いずれも先秦の古い資料を保存するものであると推測されている。

兵学上、特に注目されるのは「用兵」篇である。これは、「孔子三朝記《さんちょうき》」と総称される七篇中の一篇で、魯《ろ》の哀公《あいこう》と孔子に仮託された問答の連続によって構成されている。

哀公は、用兵は「不祥」であり、そもそも初めて戦争を起こしたのは荒ぶる異形神蚩尤《しゆう》ではなかったのかと問う。これに対して孔子は、「聖人」の兵と「後世の貪者《たんしゃ》」「乱人」の兵とは本質的に異なり、「兵」そのものは不祥ではないと主張する。また、蚩尤は単なる乱暴者で戦争神などではないと説く。たとえば、蜂や毒虫が危害を加えられた場合、当然の自己保存行為として人を刺すのと同じように、戦争そのものは悪ではなく、その運用方法が問題なのだと説く。つまり、「用兵」篇は、偉大な聖人が悪者を討伐するのは当然であると言うのである。こうした戦争の正当化は、『孫臏兵法』や『呂氏春秋』蕩兵《とうへい》篇の論理に類似している。

このように、通常、儒家の文献として分類される『大戴礼記』も、軍事に関しては、むしろ積極的な用兵を主張していることが分かる。また、蚩尤を戦争神として認めないという点は、馬王堆漢墓帛書『十六経』と同様である。

■『管子《かんし》』兵法《へいほう》篇ほか

春秋時代の斉の宰相を務めた管仲《かんちゅう》(?~前六四五年)の思想をまとめたとされる書。もと八十六篇あったとされるが、今はこのうちの十篇を失っている。長い時間をかけて編纂されたものらしく、最終的な成立は漢代まで下るとされる。斉が直面した政治・経済・軍事などの諸問題について具体的な施策が論じられている。諸子百家の分類で言えば、儒家・道家・法家・兵家・陰陽家・雑家などの思想を含む。

管仲の施策は、軍事力をも背景とした覇道の推進にあったとされるが、『管子』の内容も、それを反映して、武力の行使についても積極的な姿勢が示されている。「兵なる者は、王を尊び国を安んずるの経《けい》なり。廃すべからざるなり」（参患《さんかん》篇）と、軍事の意義を積極的に説き、寝兵《しんぺい》・偃兵《えんぺい》論者（戦争反対を説く思想）に対しては、「寝兵の説勝たば、則ち険阻《けんそ》守られず、兼愛の説勝たば、則ち士卒戦わず」（立政篇）と強く批判している。これを受けて、統治の形態に関しても、「皇」「帝」「王」「覇」という区別を一応示しながら、決して覇を否定せず、王・覇をほとんど同等に扱う場合もある。

軍事に関わるのは、兵法篇のほか、地図篇・参患篇・制分篇・九変篇などであるが、このほか、牧民篇・形勢篇・権修《けんしゅう》篇・七法篇・幼官篇・軽重《けいちょう》篇なども、基本的な政治・経済のあり方という点から軍事に言及している。

『管子』は、近年出土した新資料との共通点が多い。銀雀山漢墓から出土した『孫臏兵法』とは、軍事における「義」や「時」の重視、兵士選抜の思想という点で類似し、「王兵」篇（『守法守令等十三篇』）などの古逸兵書とも、多くの用語が共通している。ただし、概括的に言えば、竹簡本（古逸兵書）の方が、『管子』諸篇よりも論理・表現ともに古く、『管子』の側が「王兵」篇などの古兵書を利用して編集されたと推測される。ただし、使用語彙に注目すると、重複する部分に『管子』の側は、「聖人」「聖王」「賢知の君」「礼」「義」などの語を登場させており、そうした語を使用しない古兵書の側が儒家的理念と一定の距離を保っていることが分かる。

また、『管子』は馬王堆漢墓から出土した帛書『経法《けいほう》』『称《しょう》』などの古佚書とも類似点を持つことが明らかになった。その類似点とは、天道観である。天は常に運行変化しており、「盛盈《せいえい》（さかんでみちている）」の状態はむしろ衰退・減少の始まりとして危険でさえある。したがって人は、天の時を充分に見きわめ、その天時に対応した言動（挙兵）が重要であるとするのである。こうした思想は、中国的天道観によって軍事の正当性を理論化しようとするものであり、次の漢代にも大きな影響を与えた。

■『呂氏《りょし》春秋《しゅんじゅう》』孟秋紀《もうしゅうき》・仲秋紀《ちゅうしゅうき》各篇

『呂氏春秋』は、秦の宰相呂不韋《りょふい》（?～前二三五）が食客数千人に編纂させた百科全書的著作である。先秦の諸子百家の学説や諸伝承が集められており、秦代以前の学術的状況を知るための貴重な資料集ともなっている。全体は、八覧・六論・十二紀の全二十六巻からなる。このうち、各篇を天体の運行に沿って分類した十二紀には、その「秋」に該当する諸篇に軍事的著作がまとまって配置されている。

たとえば、「孟秋紀」では、立秋における天子の事業として軍事が取り上げられ、この孟秋に行うべき人事を放棄したり、孟秋に行うべきでない事業を強行すれば、気が乱れて災禍が生ずると警告する。また、「仲秋紀」でも、仲秋の事業として刑罰の施行が取り上げられ、同様に、天時と人事との適切な対応が重要であるとされている。

このように、十二紀の構造を大局的に見れば、『呂氏春秋』の軍事思想は、時令《じれい》説という天人相関《てんじんそうかん》思想の大枠の中に位置づけられていることが分かる。

また、『呂氏春秋』には「義兵」ということばが見られるが、これは、孟子の説くような義戦・王道の主張とは異なる。『呂氏春秋』はむしろ、「兵」そのものを天道のうちの秋に位置づけてその正当性を明示し、逆に、侵略戦争阻止を叫ぶ偃兵・非攻論者を論駁《ろんばく》しているのである。

■『淮南子《えなんじ》』兵略訓《へいりゃくくん》

前漢の淮南王劉安《わいなんおうりゅうあん》（前一八〇～一二三年）が食客数千人を擁して編纂したという『淮南子』には、「兵」について専論した「兵略訓」が存在し、漢初における軍事思想の動向をうかがうための重要な資料となっている。

「兵略訓」は、基本的には従来の兵書同様、「戦勝攻取の数《すう》」「形機の勢」「詐譎《さけつ》の変」を明らかにするために編纂されたものであるという。しかし一方で、『淮南子』の基調が道家思想にあるとされるとおり、「因循《いんじゅん》の道」「道」「徳」「清静《せいせい》」などの道家思想の用語も散見する。

こうした性格を特に顕著に示しているのは、「無形」の重視である。「兵略訓」は、「道に貴ぶ所の者は、其の無形を貴ぶなり。無形なれば則ち制迫《せいはく》すべからず、度量《どりょう》すべからず、巧詐《こうさ》すべからず、規慮《きりょ》すべからざなり」と、道家思想の中心概念である「道」と軍事的「無形」とを結びつける。『孫子』においても、「奇正」の配合によって自軍の実態を察知されないこと、すなわち「無形」の重要性は、すでに説かれるところであった。『淮南子』はさらに、「無形」が道家の「道」の性格の一つであるとして、その理論的裏づけを行っているのである。

また、「兵略訓」は、『孫子』の言をはじめとする先行兵書のことばをたびたび引用し、「気」「勢」「権」「奇正」など主要な軍事用語もほぼ踏襲している。だからといって、その内容が雑駁だというわけではない。「兵略訓」の著述は、漢代初期における法家思想への厳しい批判、周期的天道観を特徴とする道家思想（黄老道《こうろうどう》）の盛行、天道観・法思想・軍事思想などの取り込みによる儒家思想の再編、といった新たな時代状況を受けつつ、それまでの軍事思想を道家的天道観のもとに総合化しようとする明確な思想的営為であったと考えられる。

■『説苑《ぜいえん》』指武《しぶ》篇

前漢末の劉向《りゅうきょう》（前七七～前六、本名は更生《こうせい》、字は子政《しせい》）が編纂した『説苑』は、いわば故事説話集である。その中に、古来の軍事関係故事や軍事的思考をまとめた「指武」篇がある。先秦時代の軍事思想の継承や前漢末の軍事思想の動向をうかがうことのできる比較的まとまった資料として注目される。

もっとも、『説苑』は、上代から前漢中期に至る故事説話群によって構成されており、劉向の思想を劉向のことばで直接記したものではない。しかし、この書は、成帝《せいてい》（前五一～前七）の教育用に献上するという明確な目的を持って編纂されており、そこに、編者劉向の政治的主張が反映されていると考えるのも、この書に対する通常の見方となっている。

その内容は、単なる軍事記事の羅列的紹介ではなく、軍事関係の著名な故事や言説を巧みに利用しつつ、ほぼ整合的な戦争観を表明するものとなっている。つまり、「文」「武」の併用が必要であるという論理によって、戦争の意義・正当性を説くのである。確かに、「指武」篇には、『孫臏兵法』に見えるような実戦的陣法・戦術や、『尉繚子』に見えるような具体的な富国強兵策などは説かれていない。しかし、「武」の価値を高く評価しようとするその基本姿勢は、漢帝国が置かれた厳しい対外関係と密接な関係を有するであろう。

もとより、前漢末期の儒教的世界の中で編纂された『説苑』指武篇には、儒家的王道政治が理想とされたり、要所要所に『易《えき》』が引用されたり、儒家的思考と道家的思考との折衷形態が存在するなどの時代的特質もうかがうことができる。しかし、そうした時代の特性を越えて、なお脈々と継承されていると思われるのは、右のような基本的な戦争観・文武観である。前漢の儒教的世界の中にあって、「指武」篇は、孟子や荀子の「王道」「義兵」説への回帰を志向することなく、むしろ『司馬法』に特徴的に見られたような「文武」併用の立場を鮮明にしている。

『占雲気書』（『敦煌残巻占雲気書研究』藝文印書館、1985より）

■敦煌残巻《とんこうざんかん》『占雲気書《せんうんきしょ》』

敦煌で発見された銭簿《せんぼ》（会計簿）の裏面に抄写されていた占雲気書。銭簿は唐玄宗の天宝年間（七四二〜七五六）のもの。占雲気書は、雲気図とそれに対する占辞《せんじ》（占いのことば）とからなる。未完成の抄本で、「観雲章《かんうんしょう》」図二十六幅、占辞二十九条、「占気章《せんきしょう》」図二十二幅、占辞二十四条があり、さらに巻末に占辞をともなわない図二十七幅があるが、本来は占辞とセットであったと推測される。馬王堆漢墓から出土した『天文気象雑占《てんもんきしょうざっせん》』の系譜に連なるもので、兵書の『占雲気書』として一巻にまとめられたものである。

ここに記される占辞は、『晋書《しんじょ》』天文志、『隋書《ずいしょ》』天文志、『乙巳占《いっしせん》』巻九、『開元占経《かいげんせんきょう》』、『通典《つてん》』巻一六二兵十五「風雲気候雑占」にほぼ類似の文が見え、それらを抄写したものとの見方もあるが、逆に、図をともなうこの『占雲気書』の方が実戦的な兵書で、『晋書』などの記載の側が形骸化したものであるという可能性も考えられる。

占辞がどのような視点で記されているかを分析すると、雲気の形状、様態、規模、位置、時間、色彩、高度、変化などに分類される。占辞はこれらを複合的に使用して構成されており、また、五行思想を反映している部分もあるが、記述は具体的で、実戦の際に携行された書である可能性が高い。『漢書』芸文志に「兵陰陽」として分類される呪術的兵法の一端を具体的に示す貴重な資料である。

■『太白陰経《たいはくいんけい》』

唐の李筌《りせん》が撰したとされる兵書。テキストは十巻本と八巻本があり、成立と伝来にはやや複雑な経緯がある。『新唐書』芸文志は李筌の著として「太白陰経十巻」と記し、その後、明代まで抄本として伝わっていた（その代表は明 汲古《きゅうこ》閣《かく》抄本）。清代に至り、嘉慶《かけい》年間（一七九六〜一八二〇）に張《ちょう》海鵬《かいほう》が『墨海金壺《ぼっかいきんこ》』に収めて刊行し、また、道光二十四年（一八四四）には、銭熙祚《せんきそ》が旧抄本等を参酌《さんしゃく》して重訂した十巻本『神機制敵《しんきせいてき》太白陰経』を『守山閣叢書《しゅざんかくそうしょ》』本として刊行した。その内訳は、劉先廷《りゅうせんてい》『太白陰経訳注』が記すとおり、巻六までは旧抄本により、七・八巻は『文瀾閣四庫全書《ぶんらんかくしこぜんしょ》』本により、九・十巻は張刻本（張海鵬『墨海金壺』本）によったとされる。以来、この『守山閣叢書』本をもとにするテキストが広く通行した。なお、『文淵閣《ぶんえんかく》四庫全書』本（清乾隆三十年（一七六五））は八巻からなる。

『太白陰経』には、天体観測・望気・各種占術などの呪術的兵法が説かれているとされてきた。しかし、その思想的特色は、孫呉流の権謀的兵学の中に、呪術的兵法の諸要素をも包摂し、軍事の総合化・百科全書化をはかった、という点にみとめられる。つまり、合理主義を基調としながらも、敵を翻弄し、自軍の士気を高めるため、そうした呪術的要素をも「詭道」として一部活用していこうとするのである。このような折衷的性格は、唐の李靖の兵法をまとめたとされる『李衛公問対』にも見られるものであった。ただ、『太白陰経』はその性格をより鮮明にしており、それはその書名にも端的に表れている。「太白」とは軍事の兆しとされる金星の呼称であり、「陰」とは陰謀・権謀という人事を象徴する語だからである。

なお、後の明代において、唐順之《とうじゅんし》は総合的兵書『武編《ぶへん》』を編纂したが、それは、「武経七書」の兵家の言に「李筌」「許洞《きょどう》」の言を加えたものであった。このことは、『太白陰経』と『虎鈐経《こけんけい》』(次項参照)の両書が「武経七書」に並んでその重要性を認められていたことを示唆している。「武経七書」以降、中国の兵学思想は、総合化・百科全書化という一つの潮流を形成していくこととなるが、その流れを促したのは、この李筌の『太白陰経』であった。

■『虎鈐経《こけんけい》』

北宋の許洞《きょどう》が撰した兵書。北宋の景徳元年(一〇〇四)の成立。許洞は、その編纂の際に、主として『孫子』と唐の李筌の『太白陰経』の要点を採択したという。

『虎鈐経』の兵学思想は、孫呉流の権謀的兵学を根幹としつつも、その中に「兵陰陽」的要素を包摂している、という点に特色がある。この兵学的特質は、『太白陰経』と共通するものであり、許洞が『虎鈐経』編纂の際に、『孫子』とともに『太白陰経』を基盤にしたと宣言していることを裏づけている。

『虎鈐経』は、「呪術」の「詭道」としての意義を総括的に論ずるのみならず、その具体例についても広く収集し、整然と分類した上で、全二十巻総計二百十篇という膨大な内容を構成し、いわば兵学の百科全書の様相を呈するに至っている。

このように、中国の兵学思想は、呪術的兵法の要素をも取り込みながら、総合化・百科全書化という一つの潮流を形成していくこととなる。こうした中国兵学の潮流は、中国が早熟な軍事と兵学の伝統を形成しながら、なぜ「科学」的思考を発達させることができなかったのかについて、重要な示唆を与えていると思われる。

■『武経総要《ぶけいそうよう》』

北宋の仁宗《じんそう》の命により、慶暦《けいれき》三年（一〇四三）、曾公亮《そうこうりょう》・丁度《ていど》らが完成させた兵書。全四十巻からなる。『虎鈐経』成立後では初の本格的兵書であり、また、いわゆる「奉勅撰《ほうちょくせん》（天子の命を受けて編纂すること）」の国家的事業でもあった。その構成は、前集・後集各二十巻に分かれ、前集は制度十五巻、辺防五巻から成り、後集は、故事十五巻、占候《せんこう》五巻からなる。

内容は、文治主義下で編纂されたため、実戦体験を踏まえない牽強付会や伝聞に基づく誤りも多い。しかし、その総合的内容は軍事の百科全書とも言うべきもので、また宋代兵書のほとんどが散逸してしまった現在、当時の軍事的状況を知りうる貴重な資料ともなっている。

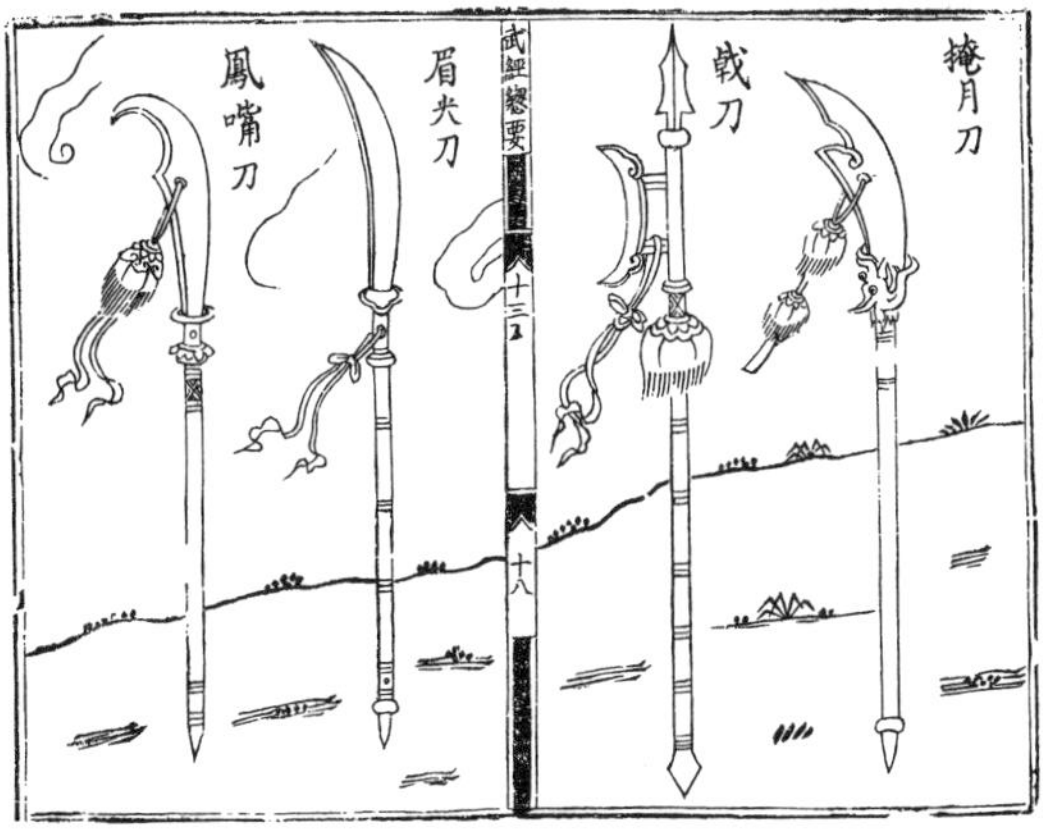

『武経総要』より、各種の軍刀の図

こうした総合的兵書の来源としては、唐の杜佑《とゆう》の『通典』兵志、『太白陰経』『虎鈐経』などが想定されるほか、宋代以降、大量に生産される「類書（百科全書）」群も、一定の影響を与えたと推測される。

また、後集の五巻分には「占候」に関わる内容が多く記載されている。ただ、これは単に呪術的兵法を列挙したというものではない。『武経総要』は、諸占術を列挙しながらも、それらを理解して選択するのは結局「人」の側であることを強調している。占星や占雲気などの諸占は、確かに軍事にとって不可欠の要素ではあるが、それに拘泥して肝心の人為的努力を放棄してはならないと説くのである。こうした思想は、『李衛公問対』『太白陰経』『虎鈐経』などの立場を継承するものである。したがって、『武経総要』の「総合」的性格とは、単に古今の制度を網羅したという意味に止まらず、中国の兵学思想そのものの「統合」をも物語っているのである。

■『武備志《ぶびし》』

明の茅元儀《ぼうげんぎ》（一五九四〜一六四四）が十五年の歳月をかけて編纂した総合的軍事書。兵訣評《へいけつひょう》・戦略考・陣練制・軍資乗・占度載《せんどさい》の五門全二百四十巻からなる大部の書で、武器・陣法・地形などに関する七百枚以上の図を掲載する点に特色がある。書名の「武備《ぶび》」とは、古くは『春秋穀梁伝《しゅんじゅうこくりょうでん》』襄《じょうこう》公二十五年に「古《いにしえ》は文事有りと雖《いえど》も、必ず武備有り」と見え、同じく定公十年の伝文では、夾谷《きょうこく》の会（孔子が補佐役となって活躍したとされる魯と斉の会盟）に臨んだときの孔子のことばとされている。平時にあっても軍備を忘れてはならないという意味である。日本にも伝来し、江戸時代の寛文《かんぶん》四年（一六六四）には、明の天啓《てんけい》元年（一六二一）刊行本をもとにした和刻本《わこくぼん》が刊行されている。「兵訣評」十八巻は、『孫子』『呉子』『司馬法』『六韜』『尉繚子』『三略』『李衛公問対』『太白陰経』『虎鈐経』など、主要兵書からの引用によって構成されており、兵書のダイジェスト版という

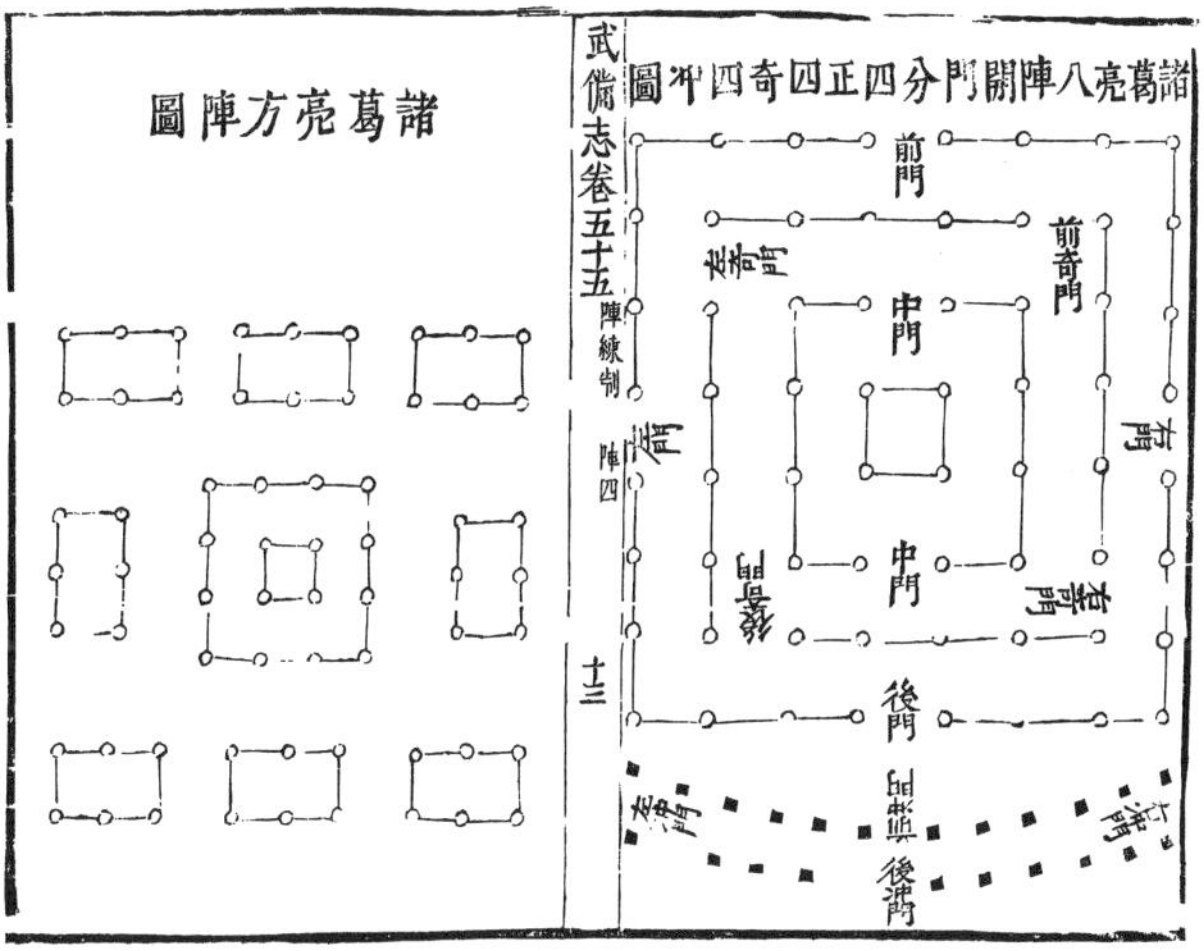

『武備志』より、諸葛亮の陣図

性格を持つ。「戦略考」三十三巻は春秋戦国時代から元朝に至る主要な戦例をあげ、批評を加えたもの。「陣練制」四十一巻は各種陣法と教練の方法を解説したもので、三百枚以上の陣図を掲載している。「軍資乗」五十五巻は「営」「戦」「攻」「守」「水」「火」「餉《しょう》（兵糧）」「馬」の八類からなり、行軍・布陣・号令・武器など広範な領域にわたって関係事項を列挙している。「占度載」九十三巻は、占天・占地・占雲気など各種占術を記した「占」と、地勢・航海・軍事財源などを記した「度」とからなる。

『武備志』は、明の提督として活躍した茅元儀の書であったため、次の清代には禁書に指定されるが、清末の対外情勢を受けてその必要性が評価され、道光《どうこう》年間（一八二一～一八五〇）に再刊された。

三　兵書のことばを読む

兵書は、時代の中から生まれてくる。呉越戦争の衝撃の中に『孫子』が誕生し、呉起の対秦防衛の実績から『呉子』が生まれ、唐初の対外遠征の成功を受けて『李衛公問対』が編纂されたのは、その端的な例である。時代が思想を生み、その思想が時代に影響を与えるということである。

ただ、これらの兵書は、単なる時代の書ではない。また、単なる軍事技術の書でもない。そこには、人間や社会一般に通用する名言至言を見いだすことができる。それは、戦争が、ひそかな個人の営みではなく、自国の兵を動員して組織化し、敵の集団と死生をかけて交戦するという、すぐれて社会的な営みだからである。また、裏に隠された敵の真意を察知し、自軍の士気を高揚させるなど、人間に対する深い洞察を必要とするからであろう。

兵書が、『論語』『老子』などとともに、すぐれた古典として読み継がれている理由はそこにある。ここでは、代表的な兵書の中から名言名句を取り上げて、それらを「企画」「情報」「目的」「奇策」「変化」「形勢」「組織」「補給」「決断」「攻守」といった現代的なテーマのもとに再編し、各々のことばの意味とその現代的意義とについて解説したい。

1 企画

行動の前にはプランを必要とする。組織的な大きな行動であればなおさらである。それが組織の存亡に関わる重大な事業ともなれば、企画の立案とその検討は特に入念に行わなければならない。杜撰《ずさん》な企画のもとに発動された戦いは、悲惨な結果を招く。中国の兵書は、戦場での戦闘技術を説く書ではない。戦闘を開始するまでに、何が必要であるかを強調する書である。勝敗の八割がたは、この企画の段階で決しているのである。

兵とは国の大事なり。死生《しせい》の地、存亡《そんぼう》の道、察せざるべからざるなり。故《ゆえ》に之《これ》を経《はか》るに五事を以《もっ》てし、之を校《くら》ぶるに計を以てして、其の情を索《もと》む。

（『孫子』計篇《けい》）

『孫子』の冒頭を飾る有名なことばである。正面対決を原則とする戦車戦から、さまざまな詐術《さじゅつ》を駆使する戦略的な歩兵・騎馬戦へ、貴族を主兵力とする数千の軍隊から、国民を総動員する数十万規模の大軍へ。呉越戦争に代表されるこうした戦争形態の巨大な変化を受けて『孫子』は誕生した。このような大規模な戦争は、国家の最重要事として認識すべきである。戦争は、人間の死生、国家の存亡を決するものであり、上に立つものは、まずこのことに深く思いをいたす必要がある。そのためには、彼我《ひが》の戦力を入念に事前分析することが必要となる。その指標として『孫子』が提唱するのは、五つの「事」と七つの「計」であった。

一に曰《いわ》く道、二に曰く天、三に曰く地、四に曰く将、五に曰く法。道とは、民をして上《かみ》と意を同じくせしむる者なり。故に之《これ》と死すべく之と生《い》くべくして危《うたが》わざるなり。天とは、陰、陽、寒、暑、時制なり。地とは、遠、近、険、易《い》、広、狭、死、生なり。将とは、智、信、仁、勇、厳なり。法とは、曲制《きょくせい》、官道《かんどう》、主用《しゅよう》なり。凡《およ》そ此《こ》の五者、将は聞かざる莫《な》きも、之を知る者は勝ち、知らざる者は勝たず。

（『孫子』計篇）

「五事」とは、「道」「天」「地」「将」「法」である。「道」とは、民の気持ちを為政者に同化させることのできるような政治の正しいあり方。これによって、民は為政者と生死をともにして何の疑いも持たなくなるのである。「天」とは寒暑・風雨などの自然条件、「地」とは遠近・広狭などの戦場の地理、「将」とは軍を統括する将軍の能力、「法」とは軍を運営する各種の規則である。これらは、敵・味方の実情や優劣を冷静に判断するための基準である。

　また、より具体的な比較の指標としては、「七計」がある。敵と味方で君主はどちらがすぐれているか、どちらの将軍が有能であるか、天地の自然条件はどちらに有利か、法令はどちらがきちんと行われているか、軍隊はどちらが強いか、士卒はどちらがよく熟練しているか、賞罰はどちらがより明確にされているか。『孫子』はこれらの項目について一つ一つ敵軍と自軍の状況を比較し、獲得ポイントの多い方が自ずから勝ちになるという。

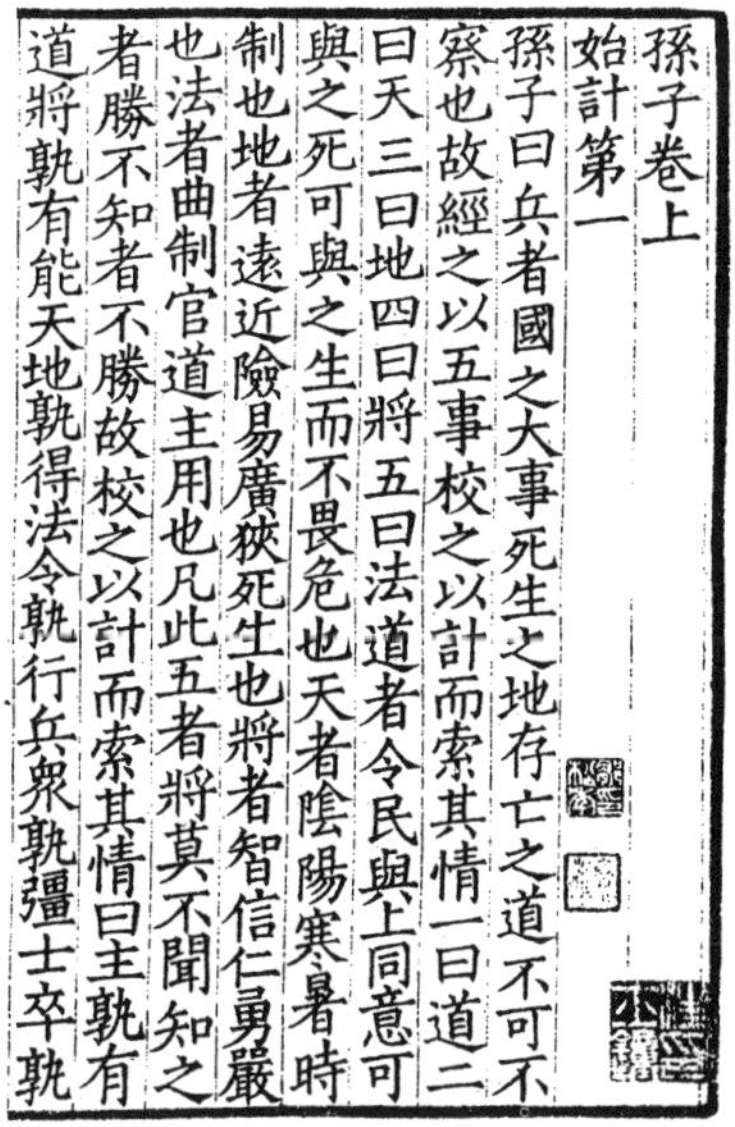
孫子卷上
始計第一
孫子曰兵者國之大事死生之地存亡之道不可不察也故經之以五事校之以計而索其情一曰道二曰天三曰地四曰將五曰法道者令民與上同意可與之死可與之生而不畏危也天者陰陽寒暑時制也地者遠近險易廣狹死生也將者智信仁勇嚴也法者曲制官道主用也凡此五者將莫不聞知之者勝不知者不勝故校之以計而索其情曰主孰有道將孰有能天地孰得法令孰行兵衆孰彊士卒孰

『孫子』計篇（宋刊武経七書本。篇名を「始計」篇と記す）

　この「五事七計」は、いっさいの感情や予断を排して、彼我の実情を冷徹に見きわめようとする点に特色がある。実際の戦争では、しばしば君主や将軍の私的な怨恨が挙兵の動機となったり、味方の実力に対する楽観的な見通しが開戦を後押ししたりする。また、古代では、さまざまな予兆現象や占いなども神の声として重視されていた。こうした中で、『孫子』のあげた指標は、きわめて合理的である。

未《いま》だ戦わずして廟算《びょうさん》して勝つ者は、算を得ること多ければなり。未だ戦わずして廟算して勝たざる者は、算を得ること少なければなり。算多きは勝ち、算少なきは勝たず。而《しか》るを況《いわ》んや算無きに於《お》いてをや。吾《わ》れ此《これ》を以て之を観《み》れば、勝負見《あら》わる。

（『孫子』計篇）

企画の段階で、「五事七計」による入念な情報分析がなされ、しかも、そこにいっさいの予断や感情をさしはさまなければ、実際に戦ってみる前に、すでに勝負は決している。御前会議が行われる廟堂《びょうどう》の奥深くで、すでに勝敗の行方は手に取るように分かるのである。「五事七計」による図上演習の結果、勝「算」が多い者は勝ち、「算」少なき者は敗れるという当然の結果である。しかし現実には、勝「算」がまったくないのに挙兵してしまうものもいる。戦いは、神頼みや精神論だけではいかんともしがたいのである。

古《いにしえ》の所謂《いわゆる》善《よ》く戦う者は、勝ち易《やす》きに勝つ者なり。故に善く戦う者の勝つや、智名《ちめい》も無く、勇功《ゆうこう》も無し。

（『孫子』形篇《けい》）

本当の戦上手《いくさ》は、必勝の勝算が立った上で戦うのである。だから、その戦いは、まるで赤子の手をひねるような結果となり、すぐれた戦術であったとか、かくも勇敢に戦ったとかの評判が立つことはない。それは、企画の段階ですでに勝利が決まっていた安易な戦いだからである。逆に、世間をうならせるような戦術や後世に語り継がれるような勇敢な戦いというのは、充分な勝算がなかったからこそ、激闘となり、戦場において「智」や「勇」が目立つこととなったのである。

『孫子』はこのように、必勝の形勢を立ててから戦うことが肝要であると説く。そして、「是《こ》の故《ゆえ》に勝兵は先《ま》ず勝ちて而《しか》る後《のち》に戦いを求め、敗兵は先ず戦いて而る後に勝ちを求む」と述べる。勝敗は戦場において決まるのではない。まず開戦の前に廟算の段階で勝ち、その上で実際の戦争に勝つ。これが「勝兵」である。逆に、「敗兵」は、入念な事前計画もなく、とりあえず戦ってみて勝ちを求めようとする。負けるのは当然である。

兵法は、一に曰く度《ど》、二に曰く量《りょう》、三に曰く数《すう》、四に曰く称《しょう》、五に曰く勝《しょう》。地は度を生じ、度は量を生じ、量は数を生じ、数は称を生じ、称は勝を生ず。故に勝兵は鎰《いつ》を以て銖《しゅ》を称《はか》るが若《ごと》く、敗兵は銖を以て鎰を称るが若し。

（『孫子』形篇）

軍事には計量的思考が必要となる。「度」「量」「数」「称」「勝」の五つである。「度」とは、ものさしで測定すること、「量」とは升目《ますめ》ではかること、「数」とは数量を数えること、「称」とは二つのものを比較すること、「勝」とは必勝の形を策定することである。こうした数量的思考は、相互に関連を持つ。まず戦場の地形を測定するという「度」が、そこに必要となる物量の測定「量」的思考を促し、「量」は、そこに投入すべき兵力数を算定するという「数」の思考を促し、「数」は、敵味方の兵力数を比較するという「称」の思考を促し、「称」は、戦闘形態を定めて勝算を確定するという「勝」の思考を促す。すぐれた兵法家は、このような段階的思考を経て勝算を確立しているから、重い分銅「鎰《いつ》」で軽い分銅「銖《しゅ》」と重さを競うように、その勝利は確実であり、逆にこうした思考回路を持たない軍隊は、軽い「銖」の分銅で重い「鎰」と重さを競うように、その敗北は明らかである。

計量的思考を持たず、雰囲気や情緒で、漠然とものごとを判断するものには、漠然とした結果しか得られないのである。

なお、一銖は、一両の二十四分の一で、約〇・六七グラム、ごく軽いものを意味することばである。また一鎰は、二十四両で約三八四グラムに相当する。

国を制し軍を治むるには、必ず之を教うるに礼を以てし、之を励《はげ》ますに義を以てし、恥《はじ》有らしむるなり。

（『呉子』図国《とこく》篇）

戦闘による勝利は、戦場での奮闘によってのみ得られるのではない。作戦を発動する前に、まず軍容そのものが整っていなければならない。数万数十万という軍勢の中では個人的な奮闘はあまり意味を持たないからである。組織としての強さが勝負を決めるのである。また、軍容を整えるためには、国政そのものが充実していなければならない。数万数十万という兵力を動員し、数千里の彼方に遠征させるためには、国家的システムが整っていなければならないからである。

『呉子』は、「国を制」することと「軍を治」めることとを併記し、ともに重視している。そして、両者に共通することとして「礼」「義」による教化の徹底をあげている。礼節の心と態度を養うこと、正義の心と行動を勧奨することは、平時・戦時を問わず重要である。それは、人々に「恥」の心を持たせる。「恥」の心を持つ人間は、賞罰という外圧に強制されるまでもなく、自らの心に問いかけて行動を起こすからである。

兵を起こすは忿《いかり》を以てすべきに非ざるなり。勝ちを見れば則《すなわ》ち興《おこ》し、勝ちを見ざれば則ち止《とど》む。
（『尉繚子』兵談篇）

『孫子』にも見られた挙兵の際のポイントである。戦争は、君主や将軍の憤怒によって興してはならない。私的な感情を交えては、適切な判断が下せないからである。では挙兵するか思いとどまるかの決め手は何か。それは事前の情報分析である。その結果、勝算ありと冷静に判断された場合にのみ、ようやく戦争は敢行される。軽率な挙兵は国家を滅ぼしてしまう。だから、開戦の判断はこの上なく慎重に行わなければならない。

■戦い勝てば、則ち亡国《ぼうこく》を在し絶世《ぜっせい》を継ぐ所以《ゆえん》なるも、戦い勝たざれば、則ち地を削《けず》られて社稷《しゃしょく》を危うくする所以なり。是《こ》の故《ゆえ》に兵なる者は察せざるべからず。

（『孫臏兵法』見威王《けんいおう》篇）

戦争に勝てば、亡びかけた国や絶えかけた家を存続させることができるものの、戦争に敗れれば、領土を削られ、社稷（国家）の存立が危うくなる。だから戦争については深く洞察しなければならない。この『孫臏兵法』のことばは、『孫子』の「兵とは国の大事なり。死生の地、存亡の道、察せざるべからざるなり」という戦争認識を敷衍したものであろう。銀雀山漢墓竹簡『孫臏兵法』の出土によって証明された「孫氏の道」の伝統を示すことばでもある。

■戦法必ず政《せい》に本《もと》づく。

（『商君書《しょうくんしょ》』戦法篇）

戦時に適用されるさまざまな法令は、有事の際にあわてて策定しようとしても手遅れである。平和なときにあって有事を思い、政治を整えておく必要がある。だから戦法は、実は「政」に基づくのである。

このことばの出典である『商君書』は、戦国時代の法家商鞅《しょうおう》（?～前三三八）の思想をまとめたものである。ここで商鞅が主張する「政」とは、秦の商鞅変法として実績をあげた農戦《のうせん》体制のことである。商鞅は、人々を農業と戦闘とに専念させて秦の富国強兵をはかった。厳格な「法」による支配を平時から貫徹させ、いわば平時・有事を貫く軍事国家を出現させたのである。

2 情報

『孫子』は、廟算《びょうさん》（御前会議）の段階で事前に勝敗を知ることができるという。ただ、そのためには、敵味方の実態をあらかじめ正確に把握しておく必要がある。情報の収集と的確な分析。この基盤があるからこそ、あらゆる企画は成立すると言えよう。しかし、通信手段の発達していない古代にあって、はるか彼方に離れた敵の実情を知るのは容易ではない。また、高度情報通信の時代と言われる現代においても、他人が何を考え、どのような行動に出ようとしているのかを察知するのは、実は意外とむずかしい。外からは見えない人の心の動きをも洞察しなければならないからである。『孫子』をはじめとする古代兵書は、こうした心の問題にまで踏み込んで、情報収集の必要性を強調する。また、その役割を担うものとして「間諜《かんちょう》」（スパイ）が重視された。

勝ちを知るに五有り。戦うべきと戦うべからざるとを知る者は勝つ。衆寡《しゅうか》の用を識《し》る者は勝つ。上下欲を同じくする者は勝つ。虞《ぐ》を以て不虞《ふぐ》を待つ者は勝つ。将能《のう》にして君御《ぎょ》せざる者は勝つ。
（『孫子』謀攻《ぼうこう》篇）

勝利には五つのポイントがある。戦うべきか否かの見きわめがつく者は勝つ。兵力の多寡に応じてその適切な運用ができる者は勝つ。上に立つ者と下々の者の気持ちが一致している者は勝つ。深い計謀によって敵の不覚を待つ者は勝つ。将軍が有能で、しかも君主がその将軍の指揮権に介入しようとしなければ勝つ。

『孫子』が述べるこれらのポイントは、すべて開戦前に知りうることばかりである。「勝ちを知る」のは、戦場に到着してからではなく、敵味方の実情を事前に充分把握することによって可能となる。

彼を知り己《おのれ》を知れば、百戦して殆《あやう》からず、彼を知らずして己を知れば、一勝一負《いちしょういちふ》し、彼を知らず己を知らざれば、戦う毎《ごと》に必ず殆し。
（『孫子』謀攻篇）

敵の実情を知り、また自軍の実態を知る。そうすれば、百たび戦っても危ういことはない。また敵の実態については充分な情報が得られなかった。しかし自軍の実態については充分把握していた。このような場合は、「一勝一負」となる。敵を知らずまた己をも知らないということでは、戦うたびに身を危険にさらすこととなる。

ここで『孫子』は、情報収集がいかに大切かを述べている。また、敵の実態を明らかにすることだけではなく、「己を知る」ことも大切であると説いている。勝算は、彼我の戦力比較によって相対的に明らかになってくるからである。自分のことを棚にあげた上での判断は禁物である。

> 諸侯《しょこう》の謀《はかりごと》を知らざる者は、予《あらかじ》め交《まじわ》るべからず、山林険阻沮沢《さんりんけんそそたく》の形を知らざる者は、軍を行《や》ること能《あた》わず、郷導《きょうどう》を用いざる者は、地の利を得ること能わず。
> （『孫子』軍争篇）

情報にも、いくつかの種類がある。諸侯間の外交情報、山や川などの地形の情報、そして進撃予定地点の各種情報である。そこで『孫子』は、こう述べる。

諸侯たちの心の内が分からないのでは、安易に同盟を結ぶことはできない。戦争は、一国対一国の図式になるとは限らない。複数の国が同盟関係を結んだ上での広域戦争となる場合もある。また、直接的には二国間の争いのようであって、実は、背後に複数の国の利権や思惑が複雑にからんでいる場合もある。だから直接の敵対国だけではなく、周辺の関係諸国についても、その腹の内を充分に探っておかなければならないのである。

また、山林や険阻な地形、沼沢地《しょうたくち》など、進軍にとって重要な地理的情報を押さえないうちは進撃してはならない。戦争は、平坦な草原の上で行われるとは限らない。ときには峻険《しゅんけん》な山河を越える行軍もある。謀攻によって敵の不意を衝く作戦の場合は、むしろそうした地形をいかに有効に活用するかが重要となる。

そして、その土地のことに精通した案内役「郷導」を使えないのでは、その地の利を得ることはできない。地の利とは、単に外から見た地形上の利点のみではない。地図には現れてこない微細な地形の情報、ことば、特産、人情、習慣など、その土地の者にしか分からぬさまざまな情報が地の利となるのである。

衆樹《しゅうじゅ》の動く者は来るなり。衆草《しゅうそう》の障《おお》い多き者は疑うなり。鳥の起《た》つ者は伏《ふく》なり。獣の駭《おどろ》く者は覆《ふう》なり。塵《ちり》高くして鋭き者は、車の来たるなり。卑《ひく》くして広き者は徒《と》の来るなり。散じて条達《じょうたつ》する者は樵採《しょうさい》なり。少なくして往来する者は軍を営むなり。

（『孫子』行軍篇）

これは、戦場でもたらされる情報について述べている。情報は、あらかじめ開戦の前に収集し分析しておかなければならない。しかし、作戦行動を起こした後の戦場で、敵兵力と遭遇する直前に得られる具体的な情報も重要である。そこで常に斥候《せっこう》を派遣し、自軍の周囲と進撃予定路付近について入念な索敵《さくてき》を行う必要がある。そうして得られたわずかな情報をもとに、いかに迅速かつ的確に行動するかが軍の死生を分かつのである。

たとえば、多数の樹木がゆらめき動くのは、敵軍がひそかにその中を進撃しているのである。障害物のように草が伏せてあるのは、何らかのしかけがあるのではないかと疑わせ、自軍の進撃を遅らせようとしているのである。鳥がにわかに飛び立つのは、敵の伏兵がいるからである。獣が驚いて走り去るのは、敵軍の奇襲攻撃である。砂煙が高く鋭くあがるのは、戦車部隊が疾走してくるからである。低く広く砂煙がたちこめるのは、歩兵部隊が迫っているからである。あちこちに砂埃が細く立ちのぼるのは、燃料となる薪《たきぎ》を採集しているのである。砂埃の量が少なく左右に往来しているのは、敵が軍営を張ろうとしているのである。

辞卑《じひ》くして備えを益《ま》す者は進むなり。辞強くして進駆《しんく》する者は退《しりぞ》くなり。軽車の先《ま》ず出《い》でて其の側《かたわら》に居《お》る者は陳《じん》するなり。約無くして和を請う者は謀《ぼう》なり。奔走《ほんそう》して兵を陳《つら》ぬる者は期するなり。半進半退する者は誘うなり。

（『孫子』行軍篇）

「兵は詭道《きどう》」である。計謀によっていかに敵の目をごまかすかが大事である。とすれば、敵も我が軍に「詭道」をしかけているはずだと考えておく必要がある。「詭道」を重視しながら、自分だけは計略にかかるはずはないと思いこむのは、あまりにも楽観的である。だから敵の動きは、この「詭道」という点から、逆に重要な情報となる。

敵の使者がことばを低くして守備に専念しているように見せているのは、実は進撃の準備をしているのである。逆に、高圧的な口調でいかにも進撃しそうに見せているのは、実は退却の準備をしているのである。機動性の高い小型の戦車が疾走してきて敵軍の両側を警戒しているのは、陣立てをしているのである。切迫した状況にもないのに、にわかに和睦を求めてくるのは、こちらを油断させる陰謀である。あわただしく伝令が走り回り、兵士を整列させているのは、決戦を意図しているのである。敵軍が中途半端に進撃したり退却したりするのは、こちらを誘い出そうとしているのである。

明君賢将《めいくんけんしょう》、動きて人に勝ち、成功の衆《しゅう》に出《い》ずる所以《ゆえん》の者は、先知《せんち》なり。先知なる者は、鬼神《きしん》に取るべからず、事に象《かたど》るべからず、度に験《けん》すべからず。必ず人に取りて敵の情を知る者なり。

（『孫子』用間篇）

聡明な君主、賢明な将軍は、ひとたび動けば人に勝ち、抜群の成功を収める。それは、彼らが

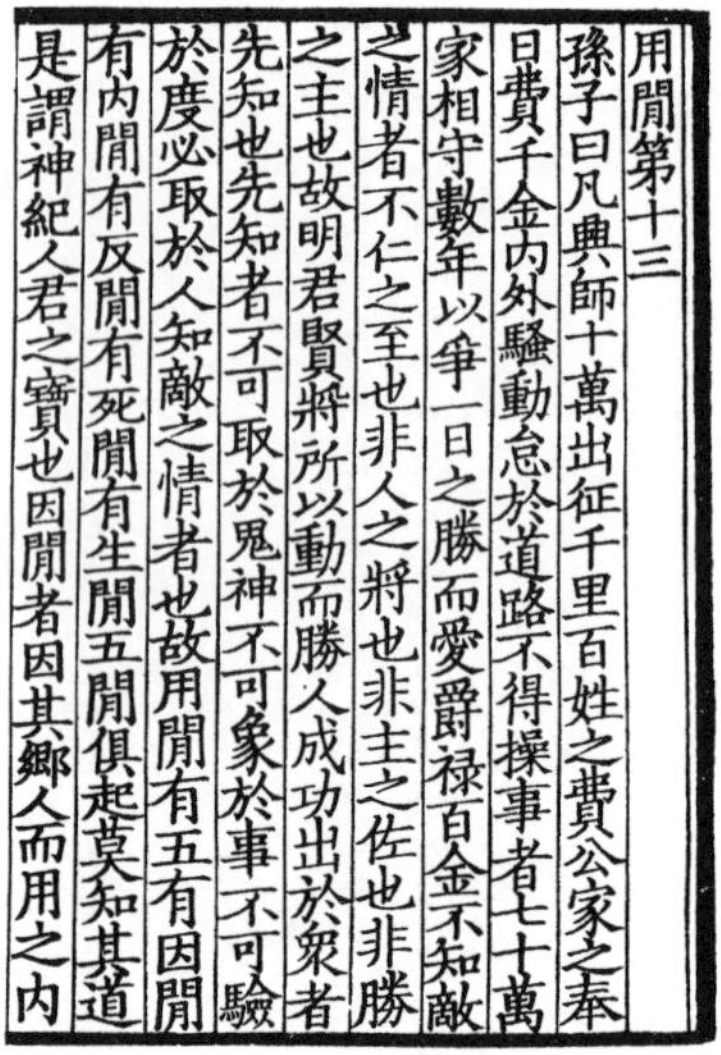
用間第十三
孫子曰凡興師十萬出征千里百姓之費公家之奉
日費千金内外騷動怠於道路不得操事者七十萬
家相守數年以爭一日之勝而愛爵禄百金不知敵
之情者不仁之至也非人之將也非主之佐也非勝
之主也故明君賢將所以動而勝人成功出於衆者
先知也先知者不可取於鬼神不可象於事不可驗
於度必取於人知敵之情者也故用間有五有因間
有内間有反間有死間有生間五間俱起莫知其道
是謂神紀人君之寶也因間者因其鄉人而用之内

『孫子』用間篇（宋刊武経七書本）

「先知」しているからである。「先知」とは、戦う前に敵情を把握し、すでに戦いの成否を予知していることを言う。予知というと、人は神秘的な能力や怪しげな迷信をイメージするかもしれない。鬼神のお告げとか、天界の事象とか、天のめぐりといったものである。しかし、『孫子』はそうした神秘と迷信をいっさい退ける。「先知」は、人間の知性によってのみ獲得できる。具体的には、間諜による情報の収集活動と、それに基づく冷静な情報分析である。

■間《かん》を用いるに五有り。因間《いんかん》有り、内間《ないかん》有り、反間《はんかん》有り、死間《しかん》有り、生間《せいかん》有り。（『孫子』用間篇）

間諜を使用するには、五種類の方法がある。「因間」「内間」「反間」「死間」「生間」の五つである。「因間」とは、もともとその土地に因《よ》る、つまり現地生え抜きの民間人を使った諜報活動。この間諜は、その土地の実情に通じ、土地の者でしか分からない情報をもたらす。郷里の間諜という意味から「郷間《きょうかん》」と呼ばれることもある。「内間」とは、敵国の人間を使って諜報活動をさせるものである。「因間」が民間人であるのに対して、この「内間」は敵国の機密情報に通じた上層部の人間を指す。「反間」とは二重スパイを使うことである。敵国から派遣された間諜を寝返らせ、自国の間諜として使うのである。敵は、諜報活動に際して最重要の軍事機密を間諜にもらす場合がある。この情報を逆に入手しようとするものである。「死間」とは、本書の冒頭でも紹介した高度な間諜である。他の間諜が情報の入手を主目的とするのに対して、この「死間」は、自らの生命を危険にさらしながら、偽りの情報を流し、敵の攪乱を画策するのである。死間が本国へ無事生還することはまれである。これに対して「生間」は、なんども敵国に侵入し、そのつど貴重な情報を入手して本国に生還する間諜である。

聖智《せいち》に非《あら》ざれば間を用いること能《あた》わず、仁義に非ざれば間を使うこと能わず、微妙に非ざれば間の実《じつ》を得ること能わず。（『孫子』用間篇）

情報を収集し、敵を攪乱するためには、間諜の活用が必須である。間諜は、他の士卒とは異なり、君主や将軍に直属し、最高の軍事機密を保有しながら特殊任務を担う。実際に戦闘行動があるかどうかにかかわらず、常に生命は危機にさらされる。匿名での活動のため、重要な働きをしても、世間に名を知られることはなく、闇に生き闇に死んでいく。そうした彼らの活躍を真に実りあるものとするためには、それを使う側にも厳しい条件が必要となる。
間諜からもたらされた多くの情報を分析し、その中から真に価値ある情報を見きわめ決断を下すためには、突出した高度な知性が必要である。凡庸な君主や将軍では、せっかくもたらされた情報を活かすことができない。また、死線をくぐって情報を入手してくる間諜に対し、深い思いやりの心を持つ必要がある。彼らを単なる使いゴマと軽視し、彼らの苦労に思いをいたすことができなければ、間諜を使う資格はない。彼らはやがてそうした君主や将軍を見限ることであろう。さらに、間諜がもたらす情報の、微妙なニュアンスを察知できなければ、情報の裏に潜む真実を理解することはできない。情報は一つの現れであり、その背後に何があるのかを深く洞察しなければならないのである。

将軍の事、静《せい》以て幽《ゆう》、正《せい》以て治《ち》、能《よ》く士卒の耳目《じもく》を愚《ぐ》にし、之《これ》をして知る無からしめ、其の事を易《か》え、其の謀《はかりごと》を革《あらた》め、人をして識《し》る無からしむ。其の居《きょ》を易え、其の途《みち》を迂《う》にし、人をして慮《おもんぱか》るを得ざらしむ。
（『孫子』九地篇）

情報とは、必ずしも共有すべきものではない。将軍は、あらゆる情報を掌握した上で、正確な判断を下す必要があるが、それらをすべての士卒に伝える必要はない。むしろ、適当な情報操作をしなければ、情報処理能力を持たない者たちは混乱をきたすことであろう。そこで、『孫子』はこう述べる。

将軍は、ものごとを静粛にかつ幽玄に進め、整然と、また正確に行う必要がある。だから士卒を統制する場合にも、無用な混乱を避けるため、将軍レベルの重要情報が士卒の耳目に触れないようにし、また、将軍の真意を察知されないようにする。たとえ真意は一つとしても、表面上の言動を適度に変え、また計画を改め、軍が何をしようとしているのかを悟られないようにする。また、駐屯地を転じ、行軍路をわざと遠回りにし、軍がどこに行こうとしているのかを悟られないようにする。

将軍と士卒の意思の疎通は大切である。しかし、生死を分かつ戦場に隠密行動で赴こうというときに、それを事前に士卒にもらせば、恐怖の余り戦場を離脱する士卒も現れよう。また、その機密情報をもとに敵方に内通する者が現れるかもしれない。情報とは、その組織の中のそれぞれの役割に応じて適切に管理されなければならないのである。

■恒《つね》に勝たざるに五有り。……間を用いざれば勝たず。

(『孫臏兵法』簒卒《さんそつ》篇)

必勝の態勢というものがあれば、必敗の法則もある。『孫臏兵法』は、そのうちの一つに間諜を用いないことをあげている。情報収集活動を無視した、出たとこ勝負での戦いに、決して勝利はありえないのである。必勝の態勢は、ふとしたことで瓦解するケースもあるが、必敗の法則は、そう簡単にはくつがえらない。

■敵を権《はか》り将を審《つまび》らかにして後《のち》に兵を挙《あ》ぐ。（『尉繚子』攻権《こうけん》篇）

挙兵の前に必ずしておかなければならないことがある。敵兵力の実情を把握すること。特に敵将が誰であるかを知ることである。将軍は軍の実力と性格を最も端的に表す顔である。将軍以上に権限を持つ者はおらず、将軍以上に情報を把握する者もいない。組織の実力は、それを誰が率いているかによって、おおよその推測が可能となるのである。

■国を伐《う》つこと必ず其の変に因《よ》る。之《これ》に財《ざい》を示して以て其の窮《きゅう》を観《み》、之に弊《へい》を示して以て其の病《へい》を観る。上乖《そむ》き下離る。此《か》くの若《ごと》きの類は、是《こ》れ之《これ》を伐《う》つの因《いん》なり。（『尉繚子』兵教下篇）

情報は、ただ受動的に入手するものとは限らない。こちらからアクションをかけ、そのリアクシヨンによって敵の隠された実情を露見させるという積極的な方法もある。『尉繚子』はこうした積極的な情報獲得について述べる。

敵国の討伐は、必ずその「変」に乗ずべきである。食糧・武器・貨幣などの利益を敵前にちらつかせ、敵国の窮状のさまを観察する。あわただしく利益にくらいついてくるのであれば、敵はよほど困窮しているのである。こちらが戦いに疲れているという様子を示して、敵の疲労の度合いを観察する。こちらの疲弊につけこんで攻めてこないようであれば、敵はよほど疲労しているのである。また、こうしたアクションに、敵が混乱し、将軍と士卒の心が離反するようであれば、それは攻撃をしかける絶好の機会となる。

敵人鬼《き》を信じて祈禱《きとう》する者多きは、必ず疑懼《ぎく》を懐《いだ》きて人に任《にん》ずる能《あた》わざるが故《ゆえ》なり。一の撃《う》つべきなり。敵惟《た》だ天時に務め、其の方位を択《えら》び、其の雲気を観《み》、地形の険易《けんい》を顧《かえり》みず、人心《じんしん》の逆《ぎゃく》順《じゅん》を詳《つまび》らかにせざるは、二の撃つべきなり。（『虎鈐経《こけんけい》』十可撃篇《じゅうかげき》）

『虎鈐経』十可撃篇は、攻撃をしかけてもよいという十の要件を掲げている。ためらうことなく攻撃をしかけてもよい第一の軍隊とは、鬼神を信じて祈禱する者が多いような軍隊である。このような軍隊は、皆が疑いや恐れの感情に支配されており、人為的な努力を怠っているからである。また第二は、日にちの吉凶を気にかけ、方位にこだわり、雲気を観望するばかりで、肝心の地形の状況をかえりみず、人の心を無視するような軍隊である。

ここで言われる、鬼神を信じて祈禱し、天時・方位に拘泥し、雲気を観望するというのは、『漢書』芸文志に「兵陰陽」と定義される呪術的兵法の内容である。『虎鈐経』はこれを、人為的努力を放棄した愚行と考える。ただ、このことは逆に、現実問題としてこうした「迷信」に深くとらわれている者が多数いることを示唆していよう。最も合理性の求められる戦場で、人は何かにすがりたいという非合理的な気持ちに陥るのである。

3
目的

戦いには、目的があるはずである。何のために戦うのか、その目的を明確にすることが必要である。また、この目的は、具体性があり、正当性を持ち、士気を高めるものでなければならない。目的を欠いた戦いほどむなしいものはなく、目標が高すぎて現実感を欠いた戦いも無惨である。さらに、直接の交戦国ではない他の国々にも間接的な支援を得られるような正義も必要である。これらは、個々の兵士のモチベーションを高めることにもなる。

用兵の法は、国を全《まっと》うするを上《じょう》と為《な》し、国を破るは之に次《つ》ぐ。軍を全うするを上と為し、軍を破るは之に次ぐ。

（『孫子』謀攻篇）

戦いは、勝てばいいというものではない。どのように勝つかが重要である。それは軍事力をどのように運用するかにかかってくる。そこで『孫子』が最重視するのは、国力や軍事力の保全である。たとえ戦争に勝利したとしても、それが国家の疲弊を招き、軍事力の減退につながるのであれば、それは真の勝利とは言えない。だから、用兵の法は、直接的な軍事力の行使を避け、政略・戦略の段階で勝利するのが最上であり、激闘の末、敵国を撃破するような勝利は次善の策と考えるべきである。謀略によって兵力を保全したまま勝つのが最上であり、敵兵力を撃滅するような勝利は次善の策と考えるべきである。

百戦百勝は善の善なる者に非ざるなり。戦わずして人の兵を屈するは、善の善なる者なり。

（『孫子』謀攻篇）

百たび戦って百たび勝つようなやり方は最善ではない。たとえ勝利が続いたとしても、そもそも戦争は国力を消耗させるからである。十万の兵力を動員し、千里の彼方に遠征すれば、民間の経費や官費も「日に千金を費やす」（『孫子』用間篇）こととなる。勝利を求めた結果、国家の経済破綻を招いたのでは本末転倒である。政略・戦略の段階で勝利する、つまり実際の戦闘行動を展開する前に決着をつけるのが最上の策である。『孫子』はそれを「謀攻《ぼうこう》」と定義した。

利に非ざれば動かず、得に非ざれば用いず、危《き》に非ざれば戦わず。主は怒りを以て師を興《おこ》すべからず、将は慍《うら》みを以て戦いを致《いた》すべからず。利に合えば動き、利に合わざれば止《とど》まる。

（『孫子』火攻篇）

戦争を発動する契機となるのは、客観的な条件でなければならない。『孫子』が強調するのは、「利」にかなうか否かの一点である。事前の情報分析の結果、こちらの利益にならないのであれば決して動かず、こちらの得にならないような用兵は行わず、こちらの危機を回避する場合にのみ戦争に踏み切る。君主が怒りに任せて開戦を命じたり、将軍が恨みに報いるために戦ってはならない。要するに「利」に合うか、合わないか、その一点で判断すべきである。

『孫子』はこれに続けてこう述べる。「怒りは以て復《ま》た喜ぶべく、慍《いか》りは以て復た悦《よろこ》ぶべきも、亡国は以て復た存すべからず、死者は以て復た生《い》くべからず」と。怒り恨みという感情はいつか時間によって癒《いや》される。しかし、国家や人命はひとたび失ってしまえば、もう永遠に帰ってこないのである。

天下の戦国、五たび勝つ者は禍《か》なり。四たび勝つ者は弊《へい》たり。三たび勝つ者は覇《は》たり。二たび勝つ者は王たり。一たび勝つ者は帝《てい》たり。是《ここ》を以《もっ》て数《しば》しば勝って天下を得る者は稀《まれ》にして、以て亡ぶ者は衆《おお》し。

（『呉子』図国篇）

『孫子』は、連戦連勝を最善の策ではないとする。『呉子』も同じように考えた。まるで戦争すること自体が目的であるかのように戦争を続けてはならない。勝利につぐ勝利の末に天下を取ったという例はきわめてまれである。逆に、連戦連勝の果てに滅んでいったという例は数えきれない。連戦が国力と軍事力の疲弊を招くからである。連勝が君主や将軍を驕《おご》らせ、他国の恨みや嫉《ねた》みを買うからである。

だから、五連勝もした国は、自ら災いを招き滅亡への道を疾走しているようなものである。四連勝の国は、国家の疲弊を招く。三連勝の国は力業《ちからわざ》によって強引に「覇」を称《とな》えるものであり、二勝で敵を下すものは「王」者であり、一回の勝利で敵を下すもののみが真に世界の「帝」となる。

項羽（『歴代古人像賛』）

秦末の楚漢《そかん》の攻防は、項羽《こうう》と劉邦《りゅうほう》の戦いとして知られているが、連勝を重ねた項羽は滅び、逃げに逃げた劉邦は最後の一戦で天下を手に入れた。楚漢の攻防はこのことを象徴している。

劉邦（『歴代古人像賛』）

兵は無過《むか》の城を攻めず、無罪の人を殺さず。

（『尉繚子』武議篇）

戦争は、やむを得ず行うものである。目的は、打倒すべき敵に勝つことであって、戦略に関わらない城を攻めたり、何の罪もない民間人を殺してはならない。『尉繚子』は、これに続けて戦争の目的を次のように説く。「兵は暴《ぼう》乱《らん》を誅《ちゅう》し不義を禁ずる所以《ゆえん》なり」と。同様のことばは、『荀子』にも、「兵なる者は暴を禁じ害を除く所以なり。争奪するに非ざるなり」（議兵篇）と見える。

兵は凶器なり。争は逆徳《げきとく》なり。

（『尉繚子』武議篇）

兵は不祥《ふしょう》（不吉）の器である、とは『老子』第三十一章のことばである。『尉繚子』も同様に、戦争を忌むべきものと考える。だから戦争は、本来、自国の安全を脅かし国際秩序を乱すような悪逆の国にのみ適用されるものである。ところが、現実には、威をかざすために戦争をする国が多い。それは戦争の本来の目的を忘れた暴挙にすぎない。

なお、やむを得ずして戦うというのは、実は、中国の兵学思想を貫く重要な特色である。中国に侵略してくる夷狄《いてき》（異民族）を撃ちはらうということが、秦漢帝国以降の基本戦略であった。わずかな例外を除けば、中国歴代の皇帝は、万里の長城を越えるような大遠征をみずから敢行することはなかったのである。

■兵を楽しむ者は亡び、而《しか》して勝を利とする者は辱《はずかし》めらる。

（『孫臏兵法』見威王篇）

戦争は、一国の存亡と人々の死生を左右する。国家と生命のためにこそ戦うのである。戦争をすることそれ自体が目的と化してはならない。しかし往々にして、君主や将軍は、戦いそのものをゲームのように楽しみ、勝利を自分の利益と考えるようになる。戦争は本来忌むべきものであり、戦争を楽しむような者はやがて滅びゆくであろう。自己の利益のために勝利を追求する者は、そのことによって辱められることとなる。

■聖王は兵を号して凶器と為《な》し、已《や》むを得《え》ずして之《これ》を用う。

（『六韜《りくとう》』文韜《ぶんとう》・兵道《へいどう》篇）

真に偉大な聖王は、戦争を「凶器」と呼び、やむを得ざるときにのみ挙兵する。戦争を「不祥の器」と定義したのは『老子』であり、また、『尉繚子』も「兵は凶器なり。争は逆徳《げきとく》なり」（武議篇）と説いた。

これらの説の起源ではないかとして注目されるのは、春秋時代、越王句践《こうせん》に仕えた軍師范蠡《はんれい》のことばである。『国語』や『史記』に伝えられるところによれば、范蠡は、「勇なる者は逆徳なり、兵なる者は凶器なり。争なる者は事《こと》の末《すえ》なり」と述べて、戦《いくさ》にはやる句践を諫《いさ》めたという。

■冬夏《とうか》師を興《おこ》さざるは、民《たみ》を兼愛《けんあい》する所以《ゆえん》なり。

（『司馬法』仁本《じんぽん》篇）

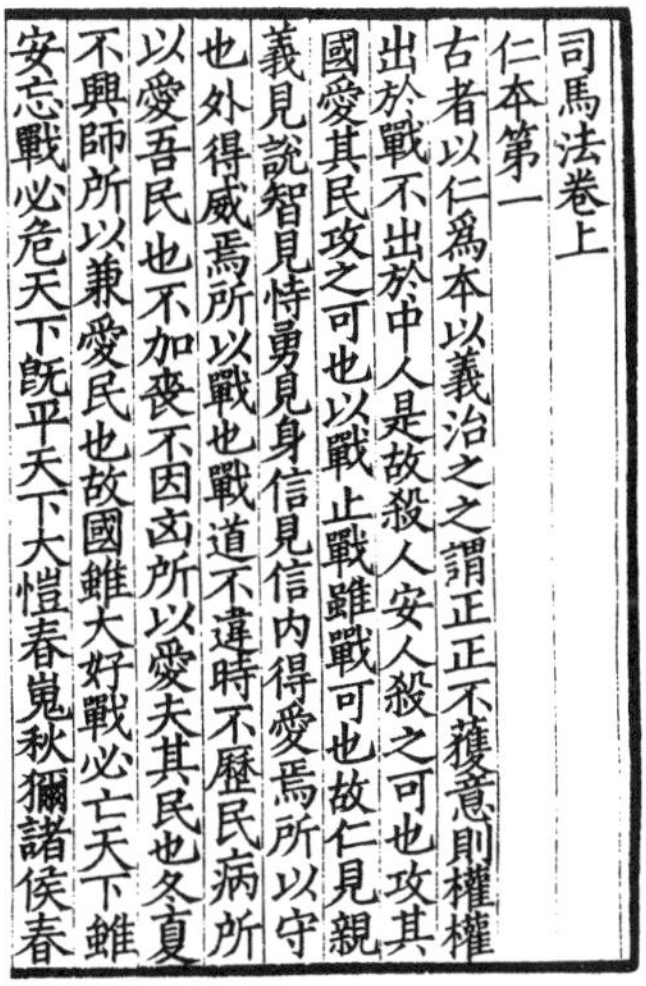
司馬法卷上
仁本第一
古者以仁爲本以義治之之謂正正不獲意則權
出於戰不出於中人是故殺人安人殺之可也攻其
國愛其民攻之可也以戰止戰雖戰可也故仁見親
義見說智見恃勇見身信見信内得愛焉所以守
也外得威焉所以戰也戰道不違時不歷民病所
以愛吾民也不加喪不因凶所以愛夫其民也冬夏
不興師所以兼愛民也故國雖大好戰必亡天下雖
安忘戰必危天下既平天下大愷春嵬秋獮諸侯春

『司馬法』仁本篇（宋刊武経七書本）

東アジアには、豊かな四季のめぐりがある。生物は、春に生まれ、夏に成長し、秋に成熟し、冬に枯れ行く。農耕は、この自然のめぐりに逆らうことなく、粛々と行わなければならない。また、四季のうちで、最も過酷な季節は、寒い冬と暑い夏である。戦争は、時を選ばない。しかし、真に民を愛する王者は、民の生活に充分な配慮を行う。田植えや刈り入れの時期、極寒や猛暑の季節に戦いを起こさないのは、民を広く愛している証しである。

■古《いにしえ》の聖王《せいおう》は義兵《ぎへい》有りて偃兵《えんぺい》有る無し。

（『呂《りょ》氏春秋《ししゅんじゅう》』蕩兵篇《とうへい》）

「義兵」とは、中国版「聖戦」の思想である。聖戦とは、古代オリエント社会の信仰で、神々の正義の戦いを意味し、また、イスラム世界の領土拡大または防衛のための戦争、キリスト教戦士たちによる異端・異教に対する戦争、イスラムに奪われた聖地奪還のための戦いを意味した。いわば神の戦いである。

中国では、天命を受けた偉大な聖王のみが、正義のためにやむなく行う戦争を「義兵」と呼んだ。『呂氏春秋』は、この聖王の軍事的行動を「義兵」としてたたえるのである。「偃兵」とは「兵を偃《や》む」と読み、当時の墨家や名家が唱えた戦争反対論である。『呂氏春秋』は、古の聖王も「義兵」を行っていたのであり、戦争そのものを否定していたのではない、と言う。つまり、古代聖王の「義兵」の実績を指摘することで、戦争の意義を高く評価し、「偃兵」論者を厳しく批判するのである。

さらに『呂氏春秋』は、これに続いて次のような論を展開している。戦争は人間の誕生とともにあったのであり、それは、人間の本性の中に「威」「力」が存在するからに他ならない。しかもその性は天から付与されたものであって、決して後天的に人間が獲得したものではない。戦争それ自体が悪なのではなく、その運用の巧拙が問題なのだ、と。

しかし、この「義兵」の思想は、際どい一面を備えている。「正義」の定義は人ごと国ごとに異なり、すべての戦争を正義の名のもとに肯定する道を開いてしまうからである。イスラムの聖戦が、過激な領土侵略戦争へと拡大し、聖地奪回の十字軍が、聖地のみならず、その進撃路や周辺地域にも拡大したのは、聖戦の思想の持つ危うさを示唆しているであろう。

聖人《せいじん》の兵を用いるや、以て残《ざん》を禁じ暴《ぼう》を天下に止《とど》むるなり。後世《こうせい》の貪者《たんしゃ》の兵を用いるや、以て百《ひゃく》姓《せい》を刈《か》り、国家を危くするなり。

（『大戴礼記《だたいらいき》』用兵篇）

戦争にも運用の巧拙がある。古の偉大な聖王の軍隊は、残虐な行為を禁止し天下に平和をもたらすためにのみ発動された。しかし、利欲に目がくらんだ後世の欲張り者の軍隊は、ただ人民から略奪し、国家を危うくするだけである。戦争は、世界に平和を実現する最終手段ともなれば、人命を奪い、国家を転覆させる危険な賭ともなる。

4

奇策

戦争の美学から言えば、正々堂々、正面から敵に挑むのが美しき士の姿であろう。しかしこの美学に拘泥すると、単なる面子《メンツ》のために、尊い人命を犠牲にすることとなる。散り際を美しくなどといって軍隊を全滅させ、国家を滅亡させてはならない。国の存続と人の生命とを第一に考えていれば、美学や面子にはこだわってはいられないはずである。国力と軍事力を保全したまま勝利を収めるためには、少ない労力で大きな成果をあげなければならない。『孫子』流の権謀を説く兵書は、そろって奇策の重要性を説いた。

兵とは詭道《きどう》なり。故に能《のう》にして之《これ》に不能を示し、用にして之に不用を示し、近くして之に遠きを示し、遠くして之に近きを示す。

（『孫子』計篇）

『孫子』は、戦争の基本的性格を「詭道《きどう》（偽りの方法）」と規定する。詭道とは、こちらに充分な保有戦力や運用能力があるのに、敵にはあたかもそうでないかのように見せかけるものである。また、自軍が敵の近くに展開しているのにあたかも遠くにいるかのように見せかけて、逆に、はるか遠方に攻撃目標を定めながら、近くを襲うかのように見せかける。総じて、敵の準備が整わないうちに攻めかかり、敵の油断をつくような戦術をいう。

『孫子』の説く「伏兵」や「餌兵《じへい》（敵を誘い出すために犠牲を覚悟で敵前に展開する兵）」は詭道の定番である。また孫臏が「減竈《げんそう》」しながら偽りの退却「佯北《ようほく》」によって魏の龐涓《ほうけん》を誘い出したのも、詭道のみごとな戦例であろう（五八頁参照）。

また、漢と匈奴《きょうど》との戦いでは、匈奴の奇計が一枚上を行く事例が多い。漢の将軍陳豨《ちんき》が匈奴に投降したとき、漢は使者を遣わし匈奴の内実を探ろうとしたが、匈奴は勇壮な戦士や肥えた馬を隠し、老いた弱々しい人馬のみを示した。使者は帰国してこの様子を報告し、今こそ撃つべしと議論は沸騰した。ただ婁敬《ろうけい》のみは、これは「能にして之に不能を示す」ものであるとして反対したが、漢王は聞かず、婁敬は捕らえられた。漢は三十万の兵をもって攻撃したが、匈奴は四十万の精鋭によってこれを包囲し、漢兵は七日間火食《かしょく》（煮炊き）できない大敗北を喫したという。

■上兵《じょうへい》は謀《ぼう》を伐《う》ち、其の次は交《こう》を伐ち、其の次は兵を伐ち、其の下《げ》は城を攻む。（『孫子』謀攻篇）

奇策は、戦力の消耗を避け、戦わずして人の兵を屈する最上の手段である。だから、最も適切な用兵は、敵の謀略を見抜いてそれを未然に打ち破ることである。その次は、敵国と他国との同盟関係を打ち破ることであり、その次は、敵の野戦軍を撃破することである。最も下策なのは、敵の城を攻めることである。

攻城戦は、攻撃側に不利である。城を枕に討ち死にの覚悟を決めた敵は、通常の百倍の気力で応戦するが、攻める側の士気は半減する。城攻めには、攻略するための長い時間と多大の兵力損失をともなうからである。『孫子』は別の箇所で、「用兵の法は、十ならば則《すなわ》ち之《これ》を囲む」(謀攻篇)と、敵城の包囲には十倍の兵力が必要であるとしている。また、包囲された必死の敵軍を追いつめては自軍にも多大の損失が生ずるので、「囲師《いし》には闕《けつ》を遺《のこ》し、帰師《きし》には遏《とど》むる勿《な》かれ(包囲した敵軍には逃げ口を残しておき、敗北して帰還しようとする敵軍をとどめてはならない)」(軍争篇)とも言う。

善《よ》く敵を動かす者は、之《これ》に形《かたち》すれば、敵必ず之に従い、之に予《あた》うれば、敵必ず之を取る。利を以て之を動かし、詐《さ》を以て之を待つ。

(『孫子』勢《せい》篇)

戦いの主導権を握り、敵を巧みに誘導するものの様子はこのようである。ある具体的な「形」を敵に示すと、敵は必ずそれにつられて動き出す。たとえば、左右から挟撃するような陣形に展開する、退却の偽形を示すなどがそれである。また、食糧や武器、金品や美女、戦略拠点となる街や砦といった「利」を敵にちらつかせると、敵は必ずそれにくらいついてくる。利益を見せて敵を誘導し、奇策によって敵を待ちかまえるのである。

『孫子』は「無形」の軍隊の重要性を説いたが、ここではあえて「形」と「利」を敵に示し、それによって敵を誘い出したり、攻撃予定地点へ誘導したりせよという。もちろんそこには伏兵を配置しておき、利につられてやってくる敵を一気にたたくのである。

■兵は詐《さ》を以て立ち、利を以て動き、分合《ぶんごう》を以て変と為《な》す者なり。（『孫子』軍争篇）

戦争は、奇計によって敵を欺くことを根本とし、利に合致するかどうかを判断基準として行動し、分散と集合の配合によって巧みに変化していくものである。

『孫子』はこのように、戦争の基本的性格が「詐」であり、また「利」が行軍の基準であることを重ねて説く。また、軍隊の運用を「分」と「合」にあるとする。「分」は部隊を複数に分けて展開させ、それぞれ別ルートを進行させること。敵を挟撃する場合などに有効である。「合」は兵力を分散させず一点に集中させること。敵の主力を一気に突き崩す場合に有効である。

ただ、さらに重要なのは、これらを巧みに組み合わせて、戦況に応じた柔軟な変化をしていくことである。だから、これを体得した軍隊の動きは俊敏となり、ダイナミックにその姿を変えていく。『孫子』はこれに続いて、次の有名なことばを残した。「其《そ》の疾《はや》きこと風の如《ごと》く、其の徐《しず》かなること林の如く、侵掠《しんりゃく》すること火の如く、動かざること山の如く、知り難きことは陰《かげ》の如く、動くことは雷霆《らいてい》の如し」と。

■佯北《ようほく》には従うこと勿《な》かれ。（『孫子』軍争篇）

「詭道」が兵家の常道であれば、敵方も奇策を繰り出してくるはずだと考えてみなければならない。だから敵の退却には安易な深追いは禁物である。特に、両軍対峙《たいじ》した中での突然の反転や中途半端な敗走、狭隘《きょうあい》な谷間など険阻な地への退却には注意が必要である。それらは、自軍を誘い出すための偽りの退却「佯北」かもしれないのだから。また、そうした険阻な地には必ず敵の伏兵が展開しているはずである。

孫臏の「佯北」を見抜けなかった魏の龐涓《ほうけん》軍が、馬陵《ばりょう》の狭い谷間の道にさしかかったとき、斉の伏兵による一斉射撃によって壊滅したのは、その典型的な戦例である（五八頁参照）。

■星辰日月《せいしんじつげつ》の運、刑徳奇賌《けいとくきがい》の数、背郷左右《はいきょうさゆう》の便《べん》に明らかなるは、此《こ》れ戦いの助《じょ》なり。而《しか》れども全《ぜん》は焉《ここ》に亡《な》し。

（『淮南子《えなんじ》』兵略訓）

太陽や月星の運行、陰陽刑徳《いんようけいとく》といった術数、前後左右の方角の吉凶に通じていれば、それらは戦いの助けとなる。しかし、そこに全幅の信頼を置くわけにはいかない。軍事における呪術・迷信は、人為的努力を放棄し、神頼みで偶然の勝ちを求めようとするものだからである。軍を統括する将軍は、突出した合理主義に徹する必要がある。人智の枠外のことに心を動かされてはならない。

ただ、ここで『淮南子』が呪術・迷信を「戦いの助」とするのには、理由がある。軍隊を構成するのは、合理主義者ばかりではないからである。日付や方位、天変地異に、この戦いの吉凶を感ずる者も多いはずである。だから、将軍は、彼らのこうした心情にも留意し、呪術や迷信をむしろ人心操作の助けとして活用すべきだと言うのである。

計謀《けいぼう》を用いるとは、敵国の主《しゅ》を熒惑《けいわく》し、陰《ひそ》かに諂臣《てんしん》を遣《や》り、事《こと》を以《もっ》て之《これ》を佐《たす》く。惑《まど》わすに巫覡《ふげき》を以てし、其《そ》れをして鬼神《きしん》を尊び、其の彩色文繡《さいしょくぶんしゅう》を重んぜしめ、其の菽粟《しゅくぞく》を賤《いや》しましめ、其の倉《そう》庾《ゆ》を空《から》にせしむ。

（『太白陰経《たいはくいんけい》』人謀《じんぼう》上、術有陰謀篇《じゅつゆういんぼう》）

計謀を用いるとは、たとえば次のような方法を言う。金品や美女を献上して敵国の君主を幻惑し、君主にこびへつらう臣下を送り込んで、陰謀の成就を助ける。「巫覡（祈禱師）」によって鬼神を崇拝させ、彩りあざやかな着物などの嗜好品を愛好させ、豆類や穀物を軽んじさせて食糧の備蓄を減少させる。

これらは、戦術上の奇策というよりは、敵国の中枢と人民に対する攪乱工作である。さまざまな詐術を駆使して敵を混乱・衰弱させようとするのである。

なおこれは、兵力の大小によって勝敗が決すると述べる世間知らずの「儒生《じゅせい》」を批判したものである。弱小者にも勝機が生まれるのは、こうした「計謀」あればこそと『太白陰経』は説くのである。

謀は心《こころ》に蔵《ぞう》し、事は迹《あと》に見《あら》わす。心と迹と同じき者は敗れ、心と迹と異なる者は勝つ。兵は詭道なり。

（『太白陰経』人謀下、沈謀《ちんぼう》篇）

陰謀は心の内に秘蔵し、表にはそれとは異なる跡をしるす。内なる心と外なる跡とが同じ者は敗れ、真意と形跡が異なる者は勝つ。兵は詭道である。

ここでは、「心」に秘する「謀」と、「迹」として表す「事」とが明快に対比されている。自軍の実状や陰謀は、内なる「心」の中に秘めておき、それとは異なる外形を「迹」としてあえて示すということである。また、この「謀」と「事」、「心」と「迹」との間に、意図的に差異を設けることが、他ならぬ兵の「詭道」であり、勝利の条件と考えるわけである。『太白陰経』は同様の趣旨を他の箇所で、「旗幟金革《きしきんかく》は形《かたち》に依《よ》り、知謀計事《ちぼうけいじ》は神《しん》に依る」（兵形篇）と説き、目に見える「旗幟金革」などの「形」と、目に見えぬ「知謀計事」などの「神」との対比として示している。

とすれば、この「詭道」を有効に作用させるためには、内なる「謀」と外なる「事」とを、可能な限り乖離させることが肝要となるであろう。その具体的な手段としては、『孫子』が説くような「能にして之に不能を示し、用にして之に不用を示す」（計篇）という方法がまず想起される。またこのほかにも、迷信を信ずる敵の心情を逆手に取って、「事」としての呪術的要素を意図的にふりまくことにより、「心」に秘めた「謀」が露見するのを防ぐ、という方法も考えられる。

5
変化

入念な計画と事前の準備があって初めて戦いを始めることができる。しかしまた、情勢は時々刻々変化するものだということを知るべきである。当初の計画をかたくなに守ろうとするだけでは、戦いにならない。企画と準備のない行動は、悲惨な結末を招くが、変化を認めぬかたくなな考え方も、せっかくの企画と準備を台無しにしてしまうのである。『孫子』は、「奇」兵と「正」兵の柔軟な運用によるダイナミックな変化を重視し、また、その理想の姿を「水」にたとえた。巧妙に変化する軍隊は、姿なき兵として敵に恐れられることとなる。

戦いは、正《せい》を以て合《がっ》し、奇《き》を以て勝つ。故に善《よ》く奇を出《いだ》す者は、窮《きわ》まり無きこと天地の如《ごと》く、竭《つ》きざること江河《こうが》の如し。

（『孫子』勢篇）

軍隊の運用は二種類に大別される。「正」攻法と「奇」策である。敵兵力を前にして布陣するには、まず定石通りの「正」兵による。しかし、最後の勝利の鍵を握るのは「奇」兵である。巧みに奇兵を繰り出す軍隊は、天地の運行のようにきわまりなく、大河の流れのようにつきることがない。

軍隊の運用は、「奇」と「正」のわずか二種類である。しかし、その配合のバリエーションは無数である。「奇」から「正」へ、「正」から「奇」へ、そのきわまりない有様は、誰にもとらえることはできない。

人を形《かたち》せしめて我に形無ければ、則《すなわ》ち我専《あつ》まりて敵分かる。我専まりて一《いち》と為《な》り、敵分かれて十と為らば、是《こ》れ十を以て其の一を攻むるなり。

（『孫子』虚実篇）

敵の実態を露わにさせ、自軍の形を秘匿する。このような状態であれば、こちらは力を集中させることができ、敵はこちらの姿を求めて兵力の分散を余儀なくされる。こちらは兵力を専一にしたままで、敵の兵力が十隊に分散したとすれば、こちらは十の力で十分の一となった敵兵力を各個撃《かっこげき》破《は》することができる。

兵力の集中が肝要であり、兵力の分散は最も危険な用兵術である。兵力を集中させ、一体となった力を発揮するには、巧みな変化によって自軍の実態を隠し、形を露呈した敵を撃つのである。陣形を露わにしたまま兵力を分散させ、姿なき敵を追い求めるのは、最も無防備な戦いである。

兵の形《かたち》は水に象《かたど》る。水の行くは高きを避けて下に趨《おもむ》く。兵の形は実《じつ》を避けて虚《きょ》を撃つ。水は地に因《よ》りて流れを制し、兵は敵に因りて勝ちを制す。故に兵に常勢《じょうせい》無く、水に常形《じょうけい》無し。能《よ》く敵に因りて変化して勝ちを取る者、之を神《しん》と謂《い》う。

（『孫子』虚実篇）

軍隊の柔軟な変化を、『孫子』は「水」にたとえて説く。自軍の実態を隠し、敵の変化に自在に対応すべきことを、「水」の姿を理想として説くのである。水には一定の形というものがない。高い所から低い所へ向かってただ流れる。丘を避け岩を避け、無理をせず、地形の変化に沿いながら流れていく。軍隊も、敵の「実」（充実した陣）を避け、「虚」（手薄な陣）を撃つべきである。水は地形に即して流れを決め、軍隊は敵の実情に応じて勝ちを制するのである。だから軍隊には不動の形勢というものはなく、水にも常なる形はない。すべては敵の変化に自在に対応して勝利を収めるのである。こうした巧みな変化は凡人の目には「神」わざとして映ることとなる。

なお、理想の姿を「水」にたとえるのは、『老子』にも見える。「上善《じょうぜん》は水の若《ごと》し。水は善《よ》く万《ばん》物《ぶつ》を利して而《しか》も争わず。衆人《しゅうじん》の悪《にく》む所に処《お》る。故に道《みち》に幾《ちか》し」（第八章）とか、「天下、水より柔《じゅう》弱《じゃく》なるは莫《な》し。而《しか》も堅強《けんきょう》なる者を攻むるに、之《これ》に能《よ》く勝つこと莫《な》し。其の以て之《これ》に易《か》うる無きを以てなり。弱《じゃく》の強《きょう》に勝ち、柔《じゅう》の剛《ごう》に勝つこと、天下知らざるは莫きも、能く行うこと莫し」（第七十八章）というのがそれである。『老子』は理想的な「道」のあり方を、「柔弱」「水」「赤子《せきし》」（赤ん坊）「嬰児《えいじ》」（幼児）などの比喩によって解説する。人間や草木の死生について、「柔弱」が生の徒、「堅強」が死の徒であり、一見弱々しいものが実は「堅強」なものに勝つことを逆説的に述べるのである。いわゆる「柔よく剛を制す」である。同様に、「水」も、一見弱々しく、何の取り柄《え》もないようであって、実は、その変化のあり方は、最高の「善」であると評価する。

形《かたち》なる者は、皆《みな》其の勝ちを以て勝つ者なり。一形《いっけい》の勝ちを以て万形《ばんけい》に勝つは、不可なり。形を制する所以《ゆえん》は一なるも、勝つ所以は一にすべからざるなり。

（『孫臏兵法』奇正篇）

勝利の形というものがある。その戦場で、その兵力で、その敵を倒すのに、最善

老子（『列仙全伝』）

の形がある。戦争に勝利するということは、その勝利の形を体現することである。勝利の形によって勝つのである。しかし、その形はその戦場で、その兵力で、その敵と戦う場合に有効な形である。これをもってあらゆる戦争の勝利の方程式とすることはできない。勝利の形はその時その時でただ一つであるが、すべての戦いに勝利できるような唯一の方法などはない。

これは、過去にとらわれるという人間の習性を指摘している。人は、過去から学ぶ。ただ、人は、失敗の過去からは多くを学びながら、成功の過去からはなぜか多くを学ぼうとはしない。成功したという結果に満足し、成功を導いた諸要因をいまさら解析してみようなどとは思わないからである。だから、成功したという好印象だけが残り、次の戦いにも同じ方法で勝てると思いこんでしまう。同じ場面は二度とはめぐってこないのに。

勝兵《しょうへい》は水に似たり。夫《そ》れ水は至って柔弱なる者なり。然《しか》れども触《ふ》るる所は丘陵《きゅうりょう》も必ず之《これ》が為《ため》に崩《くず》る。異《い》無きなり。性専《せいもっぱ》らにして触るること誠《まこと》なればなり。

（『尉繚子』武議篇）

勝利を収める軍隊というのは、水のようである。水はこれ以上なく柔弱なものである。しかし、水のつきあたるところ、巌《いわお》も砕き、水のしみ込んだ丘はがけ崩れを起こす。特別の理由があるわけではない。そのひたすらな性格で、行く手をさえぎる物につきあたるからである。

『孫子』や『老子』も「水」を理想の姿と考えた。戦況に応じて自在に変化する軍隊を「水」にたとえたのは『孫子』である。「水」をたとえとして、柔よく剛を制することを説いたのは『老子』であった。この『尉繚子』も、「柔弱なる」水をたたえる。水のひたすらな性格に「勝兵」の姿を見たのである。

■無形《むけい》にして有形《ゆうけい》を制し、無為《むい》にして変に応ず。

（『淮南子』兵略訓）

常に主導権を握り、戦いを優位に進めることが大切である。そのためには、姿なき軍隊で、形を露わにした敵を制するのである。戦況の変化に自在に対応することが肝要である。

　この『淮南子』のことばは、『孫子』に見られた「無形」の軍隊と、道家思想の理想である「無為」の思想とをつなげた点に特色がある。『孫子』や『尉繚子』も、理想の軍隊を「水」にたとえたが、水の性格は、無為自然、柔軟な対応に特色がある。人為の最たる戦争を説く兵家と、人為を否定して無為自然を説く道家とは、実はこの点において奇妙な符合を示す。

■若《も》し正兵変じて奇と為《な》り、奇兵変じて正と為るに非ざれば、則《すなわ》ち安《いずくん》ぞ能《よ》く勝たん。故に善《よ》く兵を用いる者は奇正《きせい》人に在るのみ。変じて之を神《しん》にす。天に推《お》す所以《ゆえん》なり。

（『李衛公問対』上三）

「奇正」には相互の変化が必要である。正兵は正兵だけ、奇兵は奇兵だけという明確な役割分担をし、お互いに何の連絡もとらず、変化もしないのであれば、奇兵・正兵を分けて配置する意味がない。正兵も奇兵に変化し、また奇兵も正兵に変化するのでなければ、どうして勝利を収められようか。用兵に巧みな者は、この奇正の変化を人智で操るのである。

このように自由自在に変化する軍隊は、敵の目には、「神」わざと映り、とても「人」智のこととは思えない。まさに神妙不測の域に達するのである。そこで、敵方は、結果として現れる現象を天（天命・天意）に推して納得するほかはない。これは、人智を超越した「天」の軍隊であると。

■正兵は之を君《きみ》に受け、奇兵は将《しょう》の自《みずか》ら出《いだ》す所の者なり。

（『李衛公問対』上八）

正兵とは常套の手段による兵力の運用であり、正規の常備軍による活動である。だからまず君命によって発動される。しかし、奇兵は、現場の責任者である将軍の裁量によって臨機応変に繰り出すものである。軍隊の運用は、この奇正の巧妙な配合と変化によって行われるべきで、あらかじめ決められた正兵の運用だけで決着がつくのはまれである。

■奇正とは敵の虚実を致《いた》す所以《ゆえん》なり。

（『李衛公問対』中一）

自軍の「奇正」の変化は、敵軍の「虚実」を左右するための手段である。『孫子』虚実篇は、軍隊の虚と実、およびそれへの対応について論ずる。敵の実を避け虚を衝《つ》くことを説くのである。むろん敵もさまざまな偽装工作により、その実態を隠し、虚実を見誤らせようとつとめる。それを見きわめ、敵の最も手薄な陣を攻撃せよと言うのである。

『李衛公問対』は、さらにこれを展開させ、自軍の巧みな「奇」「正」の運用によって、敵の「虚」「実」を意図的に作り出せると言うのである。「虚実」は敵に関わることではあるが、それはただ結果としてもたらされるものではない。自軍が意図的に作り出すこともできるのである。

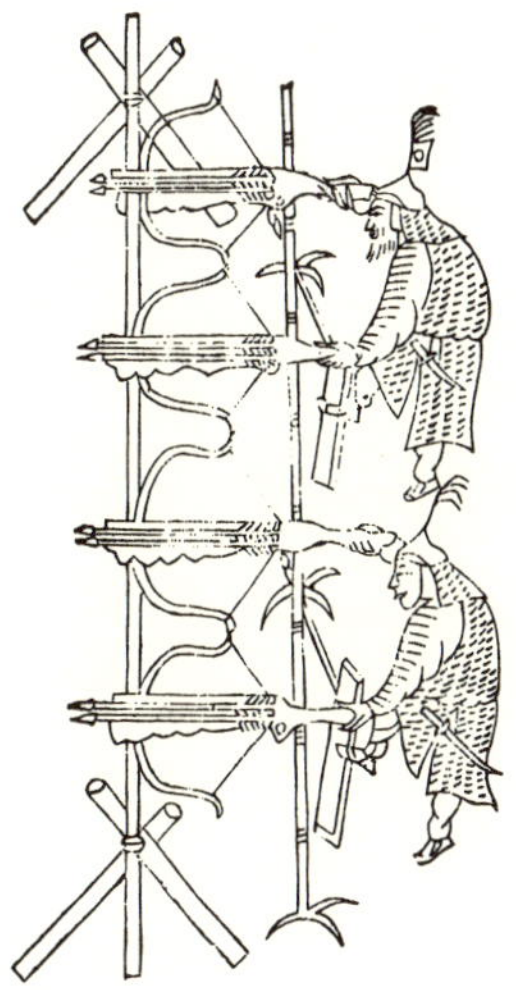

6

形勢

形勢とは、単に地形の情勢を意味する場合もあるが、ここで言うのは、時々刻々変化していく局面の、ありさま、なりゆき、旗色《はたいろ》のことであり、形勢が逆転する、形勢が不利という場合の形勢である。

この形勢を決めるのは、作戦行動の是非、兵力の多寡、兵站《へいたん》の有無、将軍や士卒の力量、戦場の天候や地形など多種多様な要因である。また、これらと相まって形成される士卒の気力や集団としてのエネルギーなど、目には見えない要因も大切である。『孫子』学派は、これらを特に重視し、戦闘における「気《き》」と「勢《せい》」の思想を理論化した。気合いを入れ、勢いに乗じて勝つのである。

■激水《げきすい》の疾《はや》くして、石を漂《ただよ》わすに至る者は、勢《せい》なり。鷙鳥《しちょう》の撃ちて毀折《きせつ》に至る者は、節《せつ》なり。是《こ》の故《ゆえ》に善《よ》く戦う者は、其の勢は険《けん》にして、其の節は短《たん》なり。勢は弩《ど》を彍《ひ》くが如《ごと》く、節は機《き》を発《はっ》するが如し。

（『孫子』勢篇）

水が激しく流れて石をも漂わすまでに至るのは、勢である。タカやハヤブサなどの猛禽《もうきん》が急降下して獲物をとらえ、骨を砕くまでに至るのは、節（ふしめ）である。だから巧みに戦う者は、その勢を、あふれる直前までいっぱいに蓄積し、そのエネルギーを発する節は一瞬なのである。たとえて言えば、勢を蓄積するというのは、殺傷力の高い弩（機械じかけの弓）の弦をいっぱいまで張るようなものであり、節とは、弩の引き金を瞬間的に引くようなものである。

善く戦う者は、之《これ》を勢《せい》に求めて人に責《もと》めず。

（『孫子』勢篇）

巧みに戦うものは、集合体としての軍隊の勢によって勝つのであり、特定の人物の力量に頼って勝つのではない。

かつては、中国でも日本でも、勇士が名乗りを上げて戦闘に突入し、またその勇士の突出した働きが勝敗を決した時代もあった。しかし、ここで『孫子』が説くのは、あくまで集団としての力、すなわち「勢」である。「勢」は、個々の士卒の力量を単純に合算した以上の力であり、名乗りを上げる勇士もこの勢の前にはなすすべもない。『孫子』はこれに続けて、「円石《えんせき》を千仞《せんじん》の山に転ずるが如《ごと》き者は勢なり」と説く。

三軍《さんぐん》には気を奪《うば》うべし。将軍には心を奪うべし。是《こ》の故《ゆえ》に朝の気は鋭く、昼の気は惰《おこた》り、暮《くれ》の気は帰《き》す。善く兵を用いる者は、其の鋭気《えいき》を避けて、其の惰帰《だき》を撃つ。此《こ》れ気を治むる者なり。

(『孫子』軍争篇)

敵軍の気も、敵将の心も奪い取ることができる。どのような時が有効か。朝の気は充実していて鋭いが、昼ごろにはゆるみ、暮れにはしぼんでいく。だから、戦《いくさ》上手のものは、敵の気力が鋭い時を避け、ゆるんだりしぼんだりした時を撃つのである。これが気を制御して敵に勝つ方法である。

高陵《こうりょう》には向かうこと勿《な》かれ、背丘《はいきゅう》には逆《むか》うること勿かれ。

(『孫子』軍争篇)

軍隊を運用する際には、高い丘の上に布陣している敵軍に向かって攻撃してはならない。丘を背にして攻撃してくる敵軍を迎え撃ってはならない。

地勢が軍隊に与える影響は大きい。同一平面上での戦いでは互角でも、一方が高地に布陣すれば、その軍は、その分だけの位置エネルギーを獲得し、戦いを有利に進めることができる。矢を射るのも、石を投ずるのも、兵の突撃も、すべて高地からの方が有利である。だから高地の敵に向かって攻め上がるのは、それだけですでに不利なのである。また、丘を背にして攻撃してくる敵も、同様である。たとえ敵を押し返したとしても、敵は丘の上にかけのぼり、位置エネルギーを得て体勢を立て直すことができるからである。

軍は高きを好みて下《ひく》きを悪《にく》み、陽《よう》を貴《たっと》びて陰《いん》を賤《いや》しみ、生《せい》を養《やしな》いて実《じつ》に処《お》る。是《こ》れを必勝と謂《い》い、軍に百疾《ひゃくしつ》無し。丘陵堤防《きゅうりょうていぼう》には、必ず其の陽に処《お》り、而《しか》して之《これ》を右背《ゆうはい》にす。此れ兵の利、地の助なり。（『孫子』行軍篇）

軍隊は、高地に布陣するのがよく、低地はよろしくない。日なたをよしとし、じめじめした湿地を避けるべきである。兵士の衛生状態に留意し、水や草や食糧や薪《たきぎ》などの燃料が補給できる場所に駐屯する。これを必勝の陣営といい、軍隊内にさまざまな病気は生じないのである。丘陵や堤防では、日当たりの良い東南に陣取り、必ず丘陵や堤防が右後方となるように位置取りする。これが軍事上の利となり、地形を自軍の助けとする方法である。

■兵戦の場は、止屍《しし》の地なり。死を必《ひっ》すれば則《すなわ》ち生き、生を幸《ねが》えば則ち死す。（『呉子』治兵篇《ちへいへん》）

戦場は、累々たる屍《しかばね》を止《とど》める死地と覚悟すべきである。この覚悟があれば、死中に活路を見いだすこともできる。逆に、生への甘い執着は、戦場では禁物である。必死の覚悟がなければ逆に死への道をたどることとなる。

『呉子』のこのことばは、呉起《ごき》の実戦活動から生まれた可能性がある。呉起は魏の文侯《ぶんこう》・武侯《ぶこう》の特命を受け、魏の西境で秦と国境を接する西河《せいか》地区を防衛した。呉起は、西河の開墾と防衛とをになう農民兵を募り、彼らを戦闘のプロに育成した。五万の兵をもって秦の五十万の大軍を防いだとされる激闘は、まさに死中に活を求めるものであった。

■気実《じつ》なれば則《すなわ》ち闘《たたか》い、気奪《うば》わるれば則ち走る。（『尉繚子』戦威篇《せんいへん》）

同じ軍隊でも、気が充実していれば奮闘するが、敵の気力に圧倒されたり、長期戦にうんざりして気が奪われた状態であれば敗走してしまう。互角の勝負を長時間繰り広げ、一進一退であったのに、ふとしたきっかけで、瞬時に勝敗がついてしまう場合がある。互角の勝負を支えていたのは、両軍の気力であり、どちらかが勝てると思い、どちらかがもうだめだと気を抜いた瞬間、すでに勝負はあったのである。

■形《かたち》円《まる》きも勢散《せいさん》せず。（『李衛公問対』上十）

勢は直線的な運動によって保持加速される。敵の陣営を錐《きり》で突くように進む「錐行《すいこう》」の陣が効力を発揮するのはこのためである。エネルギーを分散させず、ただ一点に集中することが大切である。だから、軍隊の「円」形運動は、自ら勢を殺《そ》ぐものとして、通常は愚策とされる。しかし、陣法にかなった集団運動では、たとえ円形の運動のように見えても、戦勢は分散しない。個々の兵士が緊密な連携を保って加速度を増し、まるで巨大な竜巻のように周囲の敵を蹴散らし飲みこんでいくからである。

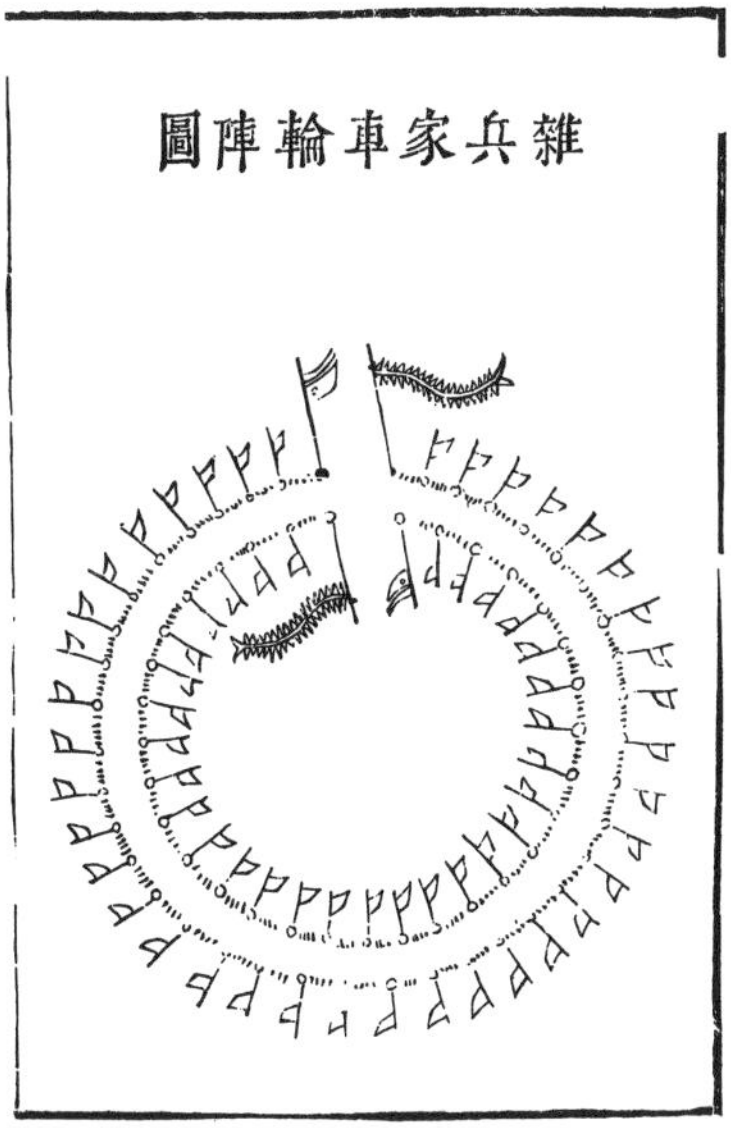

車輪の陣（『武備志』）

7

組織

軍隊とは、戦闘による勝利を目的として構成された集団であり、その最高指揮官が将軍である。指揮官と士卒との間には、まるで肉親であるかのような意思の疎通が必要であり、他方なれ合いにならぬ厳正な賞罰の適用も必要となる。将軍の意思が瞬時に部隊の隅々にまでゆきわたるような軍隊は、単なる数の多寡を越えた実力を秘める。

■将とは、智・信・仁・勇・厳なり。　（『孫子』計篇）

将軍に求められる資質とは、「智」「信」「仁」「勇」「厳」の五つである。智とは、情報を的確に分析し、混乱の中にあっても冷静な決断を下せる知性である。信とは、国家に忠誠をつくし、君主からも士卒からも信頼を得られるような信義の心である。仁とは、士卒の生命を尊重し、間諜の隠密活動にも心をめぐらすことのできる思いやりの気持ちである。勇とは、敵を恐れず、常に最前線にあって采配を振るい、ときには敵中を突破して活路を開くような勇気である。厳とは、私情に溺れることなく、「泣いて馬謖《ばしょく》を斬《き》る」ことのできるような厳正さである。

将は、国の輔《ほ》なり。輔周《しゅう》なれば則《すなわ》ち国必ず強く、輔隙《げき》あれば則ち国弱し。

（『孫子』謀攻篇）

多くの資質を要求される将軍は、単に軍隊の最高指揮官であるにとどまらない。国の存亡をかけて戦う軍隊の長は、国家の補佐役である。この補佐役がさまざまに目配りのきく周到な人物であれば、その国は必ず強く、この補佐役が戦いにしか能のない隙《すき》だらけの人物であれば、その国は必ず弱体化する。

人既《すで》に専一《せんいつ》なれば、則ち勇者も独《ひと》り進むを得ず、怯者《きょうしゃ》も独り退《しりぞ》くを得ず。此《こ》れ衆を用いるの法なり。

（『孫子』軍争篇）

気をつけなければならないのは、統制を乱すような動きである。勇気があるのはよいが、気がはやってスタンドプレーに走っては、作戦が台無しである。勇気がなくて戦線を離脱したり、敵前逃亡したりするのは何をかいわんやである。統制がとれた軍隊は常に一体となった動きを示す。勇気ある者もひとり前進することはなく、卑怯者もひとり退却することはない。集団を専一にして運用すること、これが用兵の秘訣である。

将に五危《ごき》有り。必死《ひっし》は殺され、必生《ひっせい》は虜《とりこ》にせられ、忿速《ふんそく》は侮《あなど》られ、廉潔《れんけつ》は辱《はずかし》められ、愛民は煩《わずら》わさる。凡《およ》そ此《こ》の五者は、将の過《あやま》ちなり。用兵の災《わざわ》いなり。軍を覆《くつがえ》し将を殺すは、必ず五危を以てす。察せざるべからざるなり。

（『孫子』九変篇）

将軍には、五つのタブーがある。はじめから生きて帰らぬ覚悟の蛮勇は殺され、勝利よりも生きることに執着すれば虜となり、怒りに任せた拙速の行動は侮られ、度を過ぎた清廉潔白さは、それを逆手に取られて辱めを受け、民への慈しみの気持ちが過ぎれば戦闘に専念できない。この五つは、将軍の犯してはならないタブーであり、用兵の際のわざわいとなる。軍隊を覆滅させ、将軍を死に追いやるのは、必ずこの五つのタブーによる。深く洞察しておかなければならない。

『孫子』は将軍の資質をさまざまに述べるが、ここで言われるのは、将軍のバランス感覚である。必死の覚悟も時には必要であり、必ず生きて帰るという強い意志も大事である。迅速な行動も、廉潔さも、民への愛も、それぞれに将軍の持つべき資質の一つではある。しかし、それらが度を超え、他の資質とのバランスを欠いてしまうと、それはそのまま将軍の最大の欠点となってしまう。怒りに任せ後先《あとさき》を考えずに突出する将軍は敵の思うつぼである。将軍をますます怒らせるような挑発行動を繰り返せばよいからである。高潔な将軍も敵の術策にはまりやすい。泥の中をはいずり回ってもという気概に欠けるからである。他者への思いやりのある将軍も同様である。民の命を盾に取るような戦術を採れば、将軍はそのことに気持ちを奪われて、常に後ろ髪を引かれるような戦いとなるからである。資質は、バランスが肝心なのである。

卒《そつ》未《いま》だ親附《しんぷ》せざるに而《しか》も之《これ》を罰《ばっ》すれば則ち服さず。服さざれば則ち用い難《がた》きなり。卒已《すで》に親附して而も罰行わざれば、則ち用いるべからざるなり。故《ゆえ》に之を合《がっ》するに文を以てし、之を斉《ととの》うるに武を以てす。是れを必取《ひっしゅ》と謂《い》う。

（『孫子』行軍篇）

兵卒がまだ充分に親しみなついていないのに厳しく罰すれば、彼らは将軍に心服しなくなる。そもそも心服していない士卒で軍隊を組織しようとしても無理である。士卒がすっかり親しみなついているのに、あいかわらず優しく接するばかりで厳罰を適用しない。これでは士卒は驕慢《きょうまん》になり、軍隊としては使い物にならない。だから最初は温情によって士卒の心をつかみ、やがて武威によって整えていく。これを、必ず勝ちを取る方法という。

『孫子』のことばは、本来の戦闘員ではない民衆を、どのようにしてまっとうな兵士に錬成するかを説くものである。ここで言われるのは、「文」「武」、あるいは「柔」「剛」の使い分け、バランスであろう。ひたすら厳格な軍令で脅すように統制しようとすれば、彼らは心を閉ざし、心からこの将軍についていこうとは思わないであろう。将軍と士卒との間には、まず信頼関係が必要なのである。だからといって、甘やかすばかりでは、生死を分かつ戦場へ彼らを連れていくことはできない。戦場は、おだやかな日常生活の延長ではないからである。

卒を視《み》ること嬰児《えいじ》の如《ごと》し。故に之《これ》と深谿《しんけい》に赴《おもむ》くべし。卒を視ること愛子《あいし》の如し。故に之と倶《とも》に死すべし。

（『孫子』地形篇）

指揮官は、まるで乳飲み子を見るかのように士卒をいとおしみ、まるでかわいい我が子を見るかのように士卒を大切にする。このような信頼関係が築かれていて初めて、将軍はその士卒を連れて激戦地に赴くことができ、生死をともにすることができるのである。

ただし、士卒を見る将軍の目はあくまで冷静でなければならない。たとえば、魏の将軍として活躍した呉起は、腫《は》れ物を病む兵卒の膿《うみ》を自ら吸ってやったと伝えられている。しかしここでは、呉起の愛情よりは、むしろ冷徹な目を想像すべきであろう。その兵士の母親が我が子の死を予見して慟哭《どうこく》し、後に『説苑《ぜいえん》』がこの故事を「復恩《ふくおん》」篇に収録するように、将軍呉起の行為に感激した兵は、その恩に報いるため、後日死を賭して戦ったに違いない。呉起はそうした士卒の心情を見通していたのである。

若《も》し法令明らかならず、賞罰信ならず、之《これ》に金《きん》して止《とど》まらず、之を鼓《こ》して進まざれば、百万有りと雖《いえど》も、何ぞ用に益《えき》あらん。（『呉子』治兵篇）

大規模な戦いになるほど、人員は必要である。「衆寡《しゅうか》敵せず」という戦いは確かにある。しかし、兵卒の多さは、勝利の絶対条件ではない。もし軍令が明らかでなく、戦功と賞罰の関係が不適切であり、鉦《かね》を鳴らして停止を命じても進軍をやめず、太鼓をたたいて励ましても前進しないというありさまでは、たとえ百万の士卒がいても、それは役立たずの烏合《うごう》の衆にすぎない。

なお、古代の戦争では、旌旗《せいき》と鉦鼓《しょうこ》は軍隊を統括指揮する重要な媒介であった。「旌」はあざやかな色の鳥の羽をつけたはたじるしで、部隊の位置を示し、行動を指揮するとともに、兵の士気を高める意味合いもあった。また、使者の持つはたじるしとして「旌節《せいせつ》」と呼ばれることもある。「旗」は特に将軍のはたを意味し、「旗下《きか》」と言えば本陣を意味した。日本の江戸時代でも、ここから派生して「旗本《はたもと》」と言えば、将軍直属の武士の意である。「鉦鼓」はいずれも大きな音を発するところから、将軍の命令を伝達する重要な手段であった。「鉦」は部隊の停止、「鼓」は前進の合図であった。

用兵の法は、教戒《きょうかい》もて先《さき》と為《な》す。一人戦いを学べば、十人を教成《きょうせい》し、十人戦いを学べば、百人を教成し……万人戦いを学べば、三軍を教成す。

（『呉子』治兵篇）

軍隊は、現地でいきなり運用できるものではない。周到な事前の演習があって初めて実戦で活用できるのである。その演習のポイントは、まず一人を選んで徹底的に教えこむ。その一人が十人に教え、その十人が百人に教え……。このようにして一万人が習得すれば、三軍を構成することができる。

『呉子』がこのように説くのは、呉起の実際の体験に基づくものかもしれない。呉起は、魏の将軍として、秦の国境と接する西河地区の防衛に当たった。その際、呉起は、西河の開墾と戦闘とを行う農民兵の入植を募り、彼らを一から鍛え上げて、秦の大軍の進攻を阻んだのである。呉起の部隊は、あらかじめ軍事技術を習得したエリート戦士の集まりではなかった。一人が十人に教え、その十人が百人に教え……。このようにして呉起の軍団は養成されたのである。

君《きみ》能《よ》く賢者をして上に居《お》り、不肖者《ふしょうしゃ》をして下に処《お》らしめば、則《すなわ》ち陣《じん》已《すで》に定まる。

（『呉子』図国篇）

組織はエリートの集団とは限らない。むしろ、さまざまな人材が混在しているのが普通である。賢者もいれば不出来なもの（不肖の者）もいる。こうした雑多な集合体を統括し、安定的な兵力として運用していくのは至難の業である。そこで、上に立つ者が留意しなければならないのは、能力に応じた処遇であろう。有能な賢者には、手厚い報奨を与えて参謀・軍師としての実力を発揮してもらう必要がある。これをとりちがえ、不肖の役立たずを上官に任命するようでは、真に実力ある者は報われない。個々の人材を見きわめ、実力に応じた位置につける。これによって、陣営は安定するのである。

明主《めいしゅ》と知道《ちどう》の将とは、衆卒《しゅうそつ》を以ては功《こう》を幾《ねが》わず。

（『孫臏兵法』威王問《いおうもん》篇）

軍隊は烏合の衆であってはならない。このことをよく理解した英明な君主や将軍は、数の多さに頼って戦功をあげようとしたりはしない。『孫臏兵法』の特色の一つに「纂卒《さんそつ》」の思想がある。「纂卒」とは「卒を纂《えら》ぶ」の意である。孫臏は、敵陣を突破して敵将を捕獲してくるような優秀な「纂卒力士」と、一般の兵士で構成された「衆卒」とを明確に区別した上で、英明な君主や将軍は、重要な局面では、ただ数が多いだけの「衆卒」を頼りにしたりはしないと説くのである。

■君令《くんれい》軍門に入らざるは、将軍の恒《つね》なり。（『孫臏兵法』将徳《しょうとく》篇）

勝敗の鍵を握る第一の要因として、『孫臏兵法』は将軍権の確立を説いている。ひとたび全権を将軍に委任した後は、たとえ君主でも介入してはならない。君主の命令が将軍の頭越しに陣営にとどくようでは、将軍の指揮権は確立せず、士卒は困惑するであろう。現場はプロに任せるのが必勝の鍵である。

この点については、『孫子』にも、「将能《のう》にして君御《きみぎょ》せざる者は勝つ」（謀攻篇）と説かれていた。将軍が有能で、君主が将軍の指揮権に介入しないことを必勝の要因の一つとするのである。政治と軍事の大局について判断を下す最高責任者は君主である。しかし、いったん軍が出動すれば、現場の最高指揮官である将軍が全権を握ることとなる。組織の長は、組織の細部にまで目を光らせ、あらゆる局面に責任を持とうとする姿勢が必要である。ただ、全知全能でない限り、すべてを掌握しすべてを処理することはできない。挙兵の大英断を下した後は、現場のプロである将軍を信頼することが肝要である。局地戦における勝敗に一喜一憂してはならず、将軍を誹謗中傷するような者に耳を貸してはならない。むろん、全権を委任するに足る有能な将軍を任命していることが前提である。

三国時代の魏の司馬懿《しばい》（一七九〜二五一）は遼東《りょうとう》に遠征したが、なかなか敵を攻略できず、洛陽《らくよう》に食糧の追加を督促した。魏の群臣は、司馬懿を解任すべきであるとしたが、魏王の曹叡《そうえい》（文帝曹《そう》丕《ひ》の子、明帝《めいてい》）は、司馬懿の用兵能力からすれば何の憂いがあろう、と群臣の諫言《かんげん》を聞き入れず、前線に食糧を送った。司馬懿はこれにこたえ、ついに敵を平らげた。「君令軍門に入ら」ず、「将能にして君御せざる」好例である。

■非を見て詰《なじ》らず、乱を見て禁ぜざるは、其の罪之《か》くの如し。

（『尉繚子』経卒令篇《けいそつれい》）

これは、什伍《じゅうご》制・連坐《れんざ》制を背景とすることばである。『尉繚子』は、組織の最小単位として五人からなる「伍」を編成し、その行動を「伍」内の人間の相互監視によって統制しようとする。また、ある構成員が軍令を犯せば、他の構成員も同罪とし、他人の罪を知っていながらそれを注意せず、見て見ぬふりをした場合にも、同罪であると言うのである。

自己の行為が他者に影響を及ぼすことを、組織の構成員は常に意識しなければならない。自分の失敗は、自分だけの問題にとどまらず、そのまま組織全体の敗北につながるからである。しかし、組織の最小単位が大きすぎると、個人は組織の中に埋没して、自己の責任が曖昧になる。その点、「伍」は、各人に責任を意識させ、緊張感を維持させることのできる適度な小グループである。

■兵を用いるの要《よう》は、礼《れい》を崇《たっと》びて禄《ろく》を重くするに在《あ》り。礼崇ければ則ち智士《ちし》至り、禄重ければ則ち義士《ぎし》死を軽んず。（『三略《さんりゃく》』上略《じょうりゃく》）

人を動かす力とは何であろうか。兵家や法家の多くは、厳格な賞罰、すなわち飴《あめ》と鞭《むち》によって人を操作しようとした。ただ、人が動き、死をも厭《いと》わないのは、賞罰があるからだけではない。『三略』はこの心情をとらえてこう述べた。

兵を用いる要諦は、礼義や爵禄《しゃくろく》を尊重することである。礼が尊ばれていれば、智士が集まり、禄を重んずれば、義士はそのために死をもかえりみない。これは、人が賞罰という外圧によってではなく、内からわき上がり、心をつきあげる何かのために活動することを説いている。それは、士として礼遇されることであり、人間としての名誉を与えられることである。人は功利的な存在ではあるが、最後の最後に自分を支えるのは、利ではないということであろう。

■今の世の人を取るや、毎《つね》に其《そ》の多学《たがく》に務《つと》めて其の偏技《へんぎ》を捨《す》つ。良術《りょうじゅつ》に非ざるなり。兵家の利と

する所、其の長短に随《したが》いて之を用いるなり。　（『虎鈴経』人用《じんよう》篇）

今の世の中の人材登用法を見渡してみると、通常、多くのことを学んだマルチな人材を求め、ある一つのことがらに精通した人間を切り捨ててしまう傾向にある。これは良策ではない。軍事における人材登用は、マルチな資質・能力を求めず、その長所・短所を見きわめ、一部にでも秀でた点があれば活用すべきである。

『虎鈴経』の説く人材登用法である。個人の才能や性格を把握した上で、適材適所の任用につとめよ、と説いている。注目されるのは、活用すべしとされる種々の才能の内訳である。たとえば、保守的性格の人間については、攻撃部隊に編入してはならないと言う。なぜなら、彼らはぐずぐずして勇猛な働きをしないからである。また、八方美人の性格の者は、気を回しすぎて躊躇《ちゅうちょ》するから決断の席に加えてはならないと言う。また、勇気百倍の者は、軽率であるから複雑な計謀に関与させてはならないと言う。

人材登用論そのものは、すでに先秦の兵書にも見られ、兵学思想の中では古くから重要な主題となっている。ただ、『虎鈴経』の中で特徴的なのは、「善《よ》く鼠窃狗偸《そせつくとう》する者（ねずみや犬のようにこっそり忍び込んで物を盗むもの）」「悪言多罵《あくげんたば》なる者（大声で相手の悪口をいうもの）」「怯懦《きょうだ》なる者」「老弱なる者」などをも活用すべき人材として取り上げる点であろう。彼らは、通常の人材論ではまず取り上げられない者たちである。ところが、窃盗の常習犯は諜報活動に才能を発揮し、悪口上手はことばによる陽動・攪乱という点で役立ち、小心者も器材の運搬に、老人や病弱の者も炊事に使役することができると言うのである。

さらに、『虎鈐経』は、占術に関わる技術者も活用すべきだと言う。彼らの占断の結果が軍事に大きな影響を与えることを認識しているからである。もっとも、『虎鈐経』はこれらの占術に信頼を置いているわけではない。なぜなら、それぞれの占断が異なっては意味がなく、一致することが肝要であると述べているからである。つまり、これらの占断の結果が合致するよう意図的な操作を加えた上で、士卒を安心させたり鼓舞したりして、自軍の作戦行動に活用しようと考えているのである。

8

補給

人が戦うのであり、物が戦うわけではない。しかし、人の奮闘には限りがある。気持ちだけでは勝てないのである。奮闘を促すための物質的基盤が重要である。そもそも挙兵を可能とするための戦費や食糧や武器は充分に備蓄されているのか。それらを前線に送るための兵站《へいたん》は確保されているのか。こうした物質的な支援体制が整ってこそ、士気は高まり、奮戦は促されるのである。

また、こうした物質的側面を冷静に勘定してみれば、戦争がいかに割の合わぬ事業であるかが分かるであろう。開戦前の戦力は開戦とともに確実に消耗していくのである。だからこそ、挙兵の判断は、慎重の上にも慎重を期して下さなければならず、可能な限り短期で決着をつけなければならないのである。

兵は拙速《せっそく》なるを聞くも、未《いま》だ巧久《こうきゅう》なるを睹《み》ざるなり。夫《そ》れ兵久《ひさ》しくして国利《り》する者は、未だ之《これ》有らざるなり。

（『孫子』作戦篇）

戦争では、少々まずい点があっても、とにかく早く切り上げる（拙速）ということはある。しかし、ぐずぐずしてうまい（巧久）ということはない。長期戦が国家に利益をもたらすということは決してありえないのである。

『孫子』は、速やかな勝利こそが理想であるとし、長期戦を評価しようとしない。早ければ何でもよいということではないが、とにかく戦争は短期に決着をつけるのが望ましい。長引けば長引くほど、士気は衰え、国力は疲弊していくからである。仕事が遅い者は、完璧を期しているから遅くなるのだと理屈をこねがちであるが、長引いた仕事で完璧となる例はごくまれである。

善《よ》く兵を用いる者は、役《えき》は再びは籍《せき》せず、糧《りょう》は三たびは載《さい》せず。用を国に取り、糧を敵に因《よ》る。故に軍食足《た》るべきなり。

（『孫子』作戦篇）

巧みに戦争をする者は、民衆に兵役を二度も課すことはなく、前線への食糧を三度も補給することはない。軍需品は国内で生産して前線に送るけれども、食糧は敵地での現地調達を原則とする。

だから、軍隊の食糧が欠乏することはないのである。

これに関連して、『孫子』は、敵中深く進攻した軍隊の食糧について、「智将《ちしょう》は務《つと》めて敵に食《は》む（英知にすぐれた将軍は、できるだけ敵地で食糧を調達する）」（作戦篇）とか、「饒野《じょうや》に掠《かす》むれば、三軍も食に足る（肥沃な土地で掠奪すれば兵糧も欠乏することはない）」（九地篇）などと説き、また、装備についても、「敵の貨《か》を取る者は利なり（敵の物資を捕獲するのは自軍の利となる）」（作戦篇）と述べている。

国の師に貧《ひん》なるは遠き者遠きに輸《おく》ればなり。遠き者遠きに輸れば則ち百姓《ひゃくせい》貧《まず》し。

（『孫子』作戦篇）

戦争のために国家が疲弊するのは、遠征軍が食糧や物資をはるか遠方に輸送していくからである。敵中深く進攻した遠征軍が長距離輸送を繰り返せば、国内の民はその負担に窮乏し、貧困を強いられる。

『孫子』が指摘するのは、戦争を戦場のみでイメージしてはならないということである。特に、長距離侵攻作戦の場合、その兵站線はのびにのび、物資や食糧の輸送は困難をきわめる。国内を発した物資が無事前線にとどく保証はない。農民が生産した食糧も、商工業者が生産した物資も、国内需給に回されることなく、戦地に最優先で送られる。戦争は、国内経済に深刻な打撃を与えるのである。これに関連して、『管子《かんし》』八観《はちかん》篇は次のように述べている。軍糧が三百里はなれた前線に輸送されると国内一年分の食糧備蓄がなくなり、四百里では二年分が空となり、五百里では民衆に飢餓がおとずれる、と。

先王《せんおう》兵に専《もっぱ》らにすること五有り。委積《いし》多からざれば則ち士は行かず、……備用便《びん》ならざれば、則ち力は壮《そう》ならず。

（『尉繚子』戦威《せんい》篇）

古《いにしえ》の王者は、五つのことに意を注いだという。その二つまでは、軍隊を支援する物質的基盤についてである。一つは「委積」、すなわち国内における食糧の蓄積である。もう一つは「備用」、すなわち兵器の備蓄である。食糧の蓄積が乏しければ、遠征軍を組織し、兵士を彼方に進攻させることはできない。兵器や工作機械の備蓄がなければ、兵士は徒手空拳《としゅくうけん》で戦うこととなり、せっかくの兵力を充分に発揮させることはできない。

津梁《しんりょう》未《いま》だ発せず、要塞《ようさい》未だ修《おさ》めず、城険《じょうけん》未だ設《もう》けず、渠答《きょとう》未だ張らざれば、則ち城有りと雖《いえど》も守ること無し。

（『尉繚子』攻権《こうけん》篇）

渡し場の橋を架けず、要塞を整えず、出城を築かず、掘り割りをほらないのであれば、たとえ籠《ろう》城《じょう》戦の覚悟を決めているとはいっても、それは裸城《はだかじろ》同然で、敵の攻撃を守りきることはできない。

『尉繚子』は、このように述べて、精神力だけで籠城戦を戦うことはできないと断言する。『尉繚子』はこれに続けて、「六畜《りくちく》未だ聚《あつ》まらず、五穀《ごこく》未だ収めず、財用《ざいよう》未だ斂《あつ》まらざれば、則ち資《し》有りと雖も資無し」と、家畜や食糧や財貨の備蓄の重要性にも言及する。

師を興《おこ》すには、必ず内外の権を審《つまび》らかにして、以て其《そ》の去《きょ》を計る。兵に備闕《びけつ》有り、糧食の有余不足《ゆうよふそく》、出入する所の路《みち》を校《こう》して、然る後に師を興し乱を伐《う》てば、必ず能《よ》く之《これ》に入《い》る。（『尉繚子』兵教下篇）

挙兵する前には、必ず内外の権力バランスを慎重に測定し、他国に比べて自国がどのような点において劣っているのかを計測

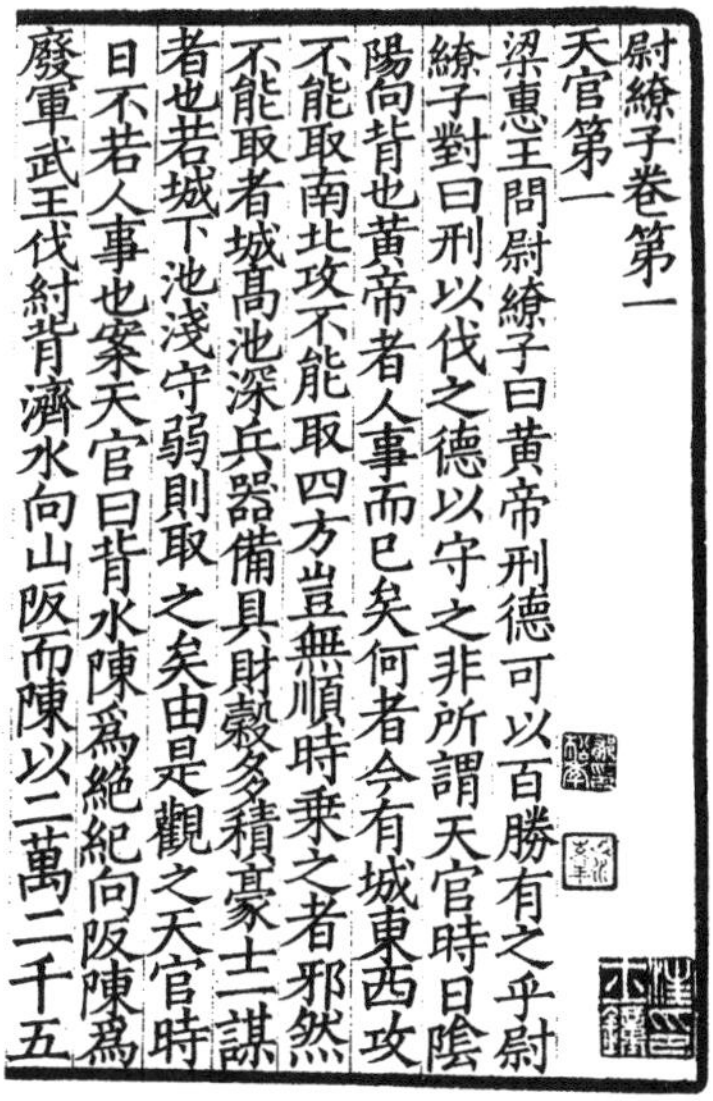
尉繚子巻第一
天官第一
梁惠王問尉繚子曰黄帝刑德可以百勝有之乎尉
繚子對曰刑以伐之德以守之非所謂天官時日陰
陽向背也黄帝者人事而已矣何者今有城東西攻
不能取南北攻不能取四方豈無順時乗之者邪然
不能取者城高池深兵器備具財穀多積豪士一謀
者也若城下池浅守弱則取之矣由是觀之天官時
日不若人事也案天官曰背水陳爲絶紀向阪陳爲
廢軍武王伐紂背濟水向山阪而陳以二萬二千五

『尉繚子』巻首（宋刊武経七書本）

する。軍隊の長所・短所、食糧の備蓄量、進撃予定ルートなどを詳細に調べつくす。こうした入念な分析の後に、初めて軍隊を発動し、敵の混乱を撃てば、必ず敵領内に進攻することができる。

『尉繚子』のこのことばは、戦争が国家の政治・経済全般にわたる大事業であることを改めて痛感させる。戦争というと、とかく、最前線での交戦のみがイメージされがちである。しかし実は、国家の総合的プロジェクトであるということに思いを致す必要がある。

9

決断

勝敗を決するのは、実に一瞬の決断によると言ってもよい。事前の入念な計画が必要なことは言うまでもないが、戦況はシナリオ通りに進行するわけではない。ここに、リーダーの的確かつ迅速な判断が要求されることとなる。

また、長期戦は兵家の忌《い》むところである。戦いが長引けば、それだけ戦力を消耗し、また、戦士の心にも、厭戦《えんせん》気分が生じてしまう。短期決戦、先制攻撃が勝利への道である。

兵の情《じょう》は速《そく》を主《しゅ》とす。人の及ばざるに乗じて不虞《ふぐ》の道に由《よ》り、其《そ》の戒《いまし》めざる所を攻むるなり。

（『孫子』九地篇）

軍隊の実情は、迅速であることを第一とする。敵人の隙に乗じて思いがけない方法を用い、敵の不備を攻撃するのである。

なお、この直前には、次のような問答がある。「敵の大軍が整然と軍容を整えて来襲してくる、そのようなとき、こちらはそれをどのように待ち受ければよいのか」。「まず敵が最も重視している国都や穀倉地帯を奪うように見せかければ、敵は動揺して兵力を分散させるから、形勢は逆転し、こちらが主導権を握ることができるのである」。いずれも、的確な状況判断と迅速な行動の必要性を説くものである。

■敵若《も》し水を絶《わた》らば、半《なか》ば渡りしときにして之《これ》に薄《せま》れ。

（『呉子』応変篇）

『呉子』応変篇は、「谷戦」「水戦」「車戦」など、地形に応じた戦闘形態の分類を示し、各々の戦闘上のポイントを論じている。「水戦」については、敵の渡河中をねらえと言う。敵が川を渡って自陣に迫ってくる。渡る前は手の出しようがない。渡りきってしまえば、こちらに危機が迫る。敵軍の半ばが川に入ったとき、敵は最も脆弱となる。この機を逃すことなく急迫せよと言うのである。これは、春秋時代の泓《おう》の会戦における「宋襄《そうじょう》の仁」（四頁参照）とは正反対の思考である。勝敗は一瞬の機をとらえるか逃すかによって決する。ためらいや無用の情けは禁物である。

患《うれ》い百里の内に在《あ》らば一日《いちじつ》の師を起こさず、患い千里の内に在らば一月《いちげつ》の師を起こさず、患い四《し》海《かい》の内に在らば一歳《いっさい》の師を起こさず。

（『尉繚子』兵談篇）

当時の「里」とは約四百メートルである。もし、わずか百里の内に戦争の火種があれば、一日の準備を要するような軍隊を起こしてはならない、つまり、一日を待たずして行動を起こさなければならない。危険は足下に迫っているからである。千里の彼方に戦争の火種があれば、一月の準備を要するような軍隊を起こしてはならない、つまり、一月を待たずに挙兵しなければならない。遠方と言っても国境に危機が迫っているからである。戦争の火種がはるか僻遠《へきえん》の地にあったとしても、一年の準備を要するような軍隊を起こしてはならない、つまり、一年を待たずに平定の軍を派遣しなければならない。世界の果てとは言っても、一年も放置しておけばさまざまな陰謀がうずまき、戦火が拡大するからである。

入念な準備は必要であるが、行動にためらいは禁物である。戦争の火種は、ひそかに、しかし確実に迫ってくるからである。

兵は是《こ》れ機《き》ならざる無し。安《いずく》んぞ握《あく》に在《あ》りて言わん。

（『李衛公問対』上八）

用兵の妙は、的確な時機の選択（機動・戦機）にこそあるが、その時機を事前に掌握することはできない。敵味方、二つの巨大な運動体が複雑に交差するところに「機」が生ずるからである。『李衛公問対』は、この時機の見きわめ（握機）ができてこそ、効果的な奇兵を発動できると説く。

10

攻守

戦闘は、攻撃と守備という二つの形態に大別される。攻撃と守備には、異なる軍隊運用が必要となり、攻撃向きの将軍もいれば、守備を得意とする部隊もいる。しかし、この両者はまったく別ものなのではない。攻撃は最大の防御ともなり、敵の攻撃を我慢強くくい止めるところに反転攻勢の機会が生まれるのである。攻撃を特務として派遣された小部隊が、思わず敵の主力部隊と遭遇し、守備隊にならざるを得ない場合もあれば、守備隊が思わぬ成果をあげて敵の攻撃を跳ね返し、増援部隊の到着を待たずに、そのまま攻撃に転ずることもあろう。攻撃と守備、実はこの二つは密接な関係にあり、攻守の反転は一瞬のできごととなる。

■用兵の法は、十なれば則《すなわ》ち之《これ》を囲《かこ》み、五なれば則ち之を攻め、倍すれば則ち之を分かち、敵すれば則ち能《よ》く之と戦い、少なければ則ち能く之を逃《のが》れ、若《し》かざれば則ち能く之を避く。

（『孫子』謀攻篇）

兵力運用の法則は、自軍の兵力が敵の十倍であれば、敵を包囲して一気に攻める。五倍であれば、正面攻撃をかける。二倍であれば、敵を分断して各個撃破する。兵力が匹敵していれば、勝敗は奮闘いかんにかかってくる。自軍の兵力が敵よりも少なければ、兵力を保全していかに退却するかを画策する。まったくかなわないほどの兵力差であれば、ただちに戦場からの離脱をはかる。

なお、『孫子』に注解をほどこした三国時代の魏の曹操は、「五なれば則ち之を攻め」の部分について、五倍の兵力を三と二に分け、三を正兵として、二を奇兵として運用するという意味に理解し、また、「倍すれば則ち之を分ち」の部分について、自軍兵力を二つに分割して敵に当たるという意味に理解している。前者は、正兵と奇兵を三対二という比率に固定して運用することとなり、奇正の柔軟な変化を説く『孫子』の原義に合致しない。また、後者も、構文上、「之」字はすべて敵のことを指していると考えられるから、やはり原義には合致しないであろう。

昔の善《よ》く戦う者は、先《ま》ず勝つべからざるを為《な》して、以て敵の勝つべきを待つ。勝つべからざるは己《おのれ》に在り、勝つべきは敵に在り。

（『孫子』形篇）

古の戦《いくさ》上手の者は、まず、敵が攻撃してきても決して勝つことができないような態勢を整え、敵が陣容を崩し、自軍が必ず勝てるという形勢がおとずれるのを待った。だから、しっかりした守備の態勢を作り上げるのはこちらに関わることであり、必ず勝つことができるような形勢がおとずれるかどうかは敵に関わることである。

『孫子』はこうした理解を前提に、攻守の内の守備をまず重視すべきであると考えるのである。『孫子』の兵法とは、「負けない」兵法なのである。

■守ること攻むる者より余り、救うこと守る者より余る。

（『尉繚子』守権篇《しゅけんへん》）

守備と攻撃とを比較した場合、戦力に余裕を生ずるのは守備の方である。さらに余裕があるのは救援活動である。

こうした攻守観は、すでに『孫子』に見られるものであるが、ここに「救」を加えたところが『尉繚子』の特徴である。『尉繚子』は、守城戦について、籠城する守備隊と救援部隊とが連携を取る場合を想定している。もし、包囲された城に向かって救援軍が進行中であるとの情報が得られれば、守備隊の士気は一気に高まり、城はますます堅固となる。それでなくても攻城戦には十倍の戦力を要するのに、そこに救援軍が駆けつければ、攻撃側は、城内の守備隊と城外の救援隊との挟み撃ちにあって、形勢は一気に逆転する。

■守《しゅ》は外飾《がいしょく》に在り。

（『尉繚子』十二陵《じゅうにりょう》篇）

守備のポイントは、軍隊の外形を装飾する、つまり偽装である。実態と異なる偽形を示し、また常に外形を変えていく。このようにして、敵を困惑させ、その兵力集中を避けるのである。逆に、攻撃について『尉繚子』は、「攻は意表に在り」（十二陵篇）と説いている。まさか攻めてはこないだろうという敵の油断を衝くのである。

■必ず攻めて守らざるは、兵の急なる者なり。

（『孫臏兵法』威王問篇）

充分な戦力に恵まれている場合は、戦況を見きわめて徐々に作戦行動に移るという余裕もあろう。しかし、戦力が乏しく、また事態が急迫している場合は、守勢に回れば回るほど、事態は悪化し、抜き差しならぬ方向に自軍を追い込んでいくことになる。そうした場合は、防御よりも進攻である。もっとも『孫臏兵法』は、いついかなる時にも先制攻撃がよいと言っているわけではない。また何の情報もないままに攻撃せよと言っているのではない。充分な情報の収集と分析が積極的な攻撃を可能にするのである。

攻は是《こ》れ守の機《き》、守は是れ攻の策《さく》、同じく勝ちに帰するのみ。若《も》し攻めて守るを知らず、守りて攻むるを知らざれば、唯《た》だ其《そ》の事を二にするのみならず、抑《そもそ》も又《ま》た其の官を二にす。

（『李衛公問対』下四）

攻撃と守備は、異なる集団運動と戦闘形態を必要とする。『孫子』は、攻撃と守備を比較し、守備の側を重視する。特に竹簡本『孫子』は、守備の方がむしろ戦力に余裕を生ずる有利な戦闘形式であるとしていた（三一頁参照）。ただ、攻撃と守備はまったく無関係に存在しているのではない。『李衛公問対』では、問う側の太宗も、答える側の李靖も、攻撃と守備を区分したり、それらを強弱に結びつけたりするような固定的理解を批判する。

攻撃は守備に転ずる重要な契機となり、守備は攻撃に転ずる秘策である。攻撃・守備は、勝利をもたらす表裏一体の連続運動である。もし攻めるばかりで守ることを知らず、守るばかりで攻めることを知らなければ、それは、本来密接な関係にあるべき攻撃と守備を分断し、また、それぞれについて別々の指揮官が勝手に指示を下すようなものである。

あとがき

二〇〇二年七月、衝撃的なニュースが伝えられた。中国湖南省西部の龍山県里耶《りや》盆地の古代遺跡から、秦代を中心とする竹簡二万枚が発見されたというのである。竹簡には古隷書で数十万字の文字が記されており、内容は、公文書を中心に、軍事、算術、官職、民族問題などに関わる多様なものであるという。

これまでに中国で発見されている秦代の竹簡は、総数約二千枚に過ぎない。この里耶竹簡は、それらをはるかにしのぐ分量であり、その解読が進めば、『史記』や『漢書』には見られなかった貴重な史実が明らかになってくるであろう。新聞各紙が「兵馬俑以来の大発見」などの大見出しを立てるのも当然である。

このように、新発見の出土資料は、それまでの研究を大きく進展させる場合がある。その代表的な例が、本書で紹介した銀雀山漢墓竹簡であろう。竹簡『孫子』『孫臏兵法』『尉繚子』などの新資料は、中国古代兵法の実態を現代によみがえらせることとなった。これら新資料の解析を経て、筆者はさきに、『中国古代軍事思想史の研究』（研文出版、一九九九年）を刊行した。

本書は、その研究成果を踏まえながら、中国古代兵法の成立と展開、その思想的特質、兵書の中の名言名句などについて論じてきた。中国兵法は、「いかに戦わずに済ませるか」「いかに負けずにいられるか」を考える点に大きな特色がある。言わば、「戦わぬ兵法」であり、「負けぬ兵法」である。これは、現代社会の諸問題を考える際の重要なヒントになるであろう。

またそもそも「戦争」は、人間とは何かを問う、最も重要な指標である。本書で取り上げた個々の兵書やことばの中に、その何らかの答えを発見していただければ幸いである。

なお、本書の刊行に際しては、大修館書店編集第一部の小笠原周氏のお世話になった。企画段階から最終校正に至るまで、氏の適切な戦略に導いていただいたことをここに記し、深謝申し上げたい。

二〇〇三年（平成十五年）三月二十日

湯浅邦弘

[著者略歴]

湯浅邦弘（ゆあさ　くにひろ）

1957年、島根県生まれ。北海道教育大学講師、島根大学助教授などを経て、現在、大阪大学大学院文学研究科教授。中国哲学専攻。中国兵学に関する著書に『中国古代軍事思想史の研究』（研文出版）、『世界歴史（第25巻戦争と平和）』（共著、岩波書店）、中国古代の夢観念に関する訳書に『中国の夢判断』（東方書店）、近世大坂の学問所「懐徳堂」に関する編著書に『懐徳堂事典』（大阪大学出版会）などがある。

〈あじあブックス〉

よみがえる中国《ちゅうごく》の兵法《へいほう》

NDC399 248p 19cm

初版第一刷――2003年6月10日

著者――湯浅邦弘《ゆあさくにひろ》

発行者――鈴木一行

発行所――株式会社**大修館書店**

〒101-8466 東京都千代田区神田錦町3-24

電話03-3295-6231（販売部）03-3294-2353（編集部）

振替 00190-7-40504

[出版情報] http://www.taishukan.co.jp

装丁者――下川雅敏／カバーカリグラフィー　榎戸文彦

印刷所――壮光舎印刷

製本所――関山製本社

ISBN4-469-23193-2　Printed in Japan